文庫
ノンフィクション

新装版

駆逐艦「野分」物語

若き航海長の太平洋海戦記

佐藤清夫

潮書房光人新社

駆逐艦「野分」物語——目次

第六章　栄光の航跡

第七章　比島沖に死す

第八章　検証・「野分」の最期

第九章　終戦への長い苦難

写真提供　著者・雑誌「丸」編集部

駆逐艦「野分」物語

若き航海長の太平洋海戦記

第一章　南溟の凱歌

敵船拿捕の初陣

連合艦隊の各部隊は開戦一ヵ月前、岩国航空隊において作戦打ち合わせをすませ、呉軍港に回航して弾薬、魚雷、燃料、食糧などを搭載、乗員の交代があった。

高等科暗号術練習生教程を終了して駆逐艦「野分」暗号員長に発令された大井政雄兵曹と主機員の小笠原武雄機関兵曹は、呉の海軍桟橋に到着して目のあたりにする軍港の重苦しい光景に、さすがに身の引き締まるのを覚えた。

桟橋に迎えに来てくれた内火艇員の顔にも笑いはなく、係留中の艦には見なれた赤い九三式魚雷の演習用頭部に代わって、真っ黒な実用頭部が搭載されている。

どの艦も燃料満載で、喫水が深く、赤腹を出している艦は一隻もなかった。横須賀から一緒に来て、ほかの艦に配乗される新着任者たちもそうだったが、ここで接した異常なまでに緊迫した気配に驚きながら、「野分」に着任した大井兵曹はあわただしく同年兵と交代した。

海軍大佐有賀幸作（のちの大和艦長）の率いる第四駆逐隊は「嵐」「萩風」「舞風」「野分」

の四隻で編成され、開戦当日決行される陸軍のマレー半島、コタバル海岸上陸作戦（指揮官・小沢治三郎南遣艦隊司令長官）を海上後方から支援する「南方部隊」（第二艦隊司令長官近藤信竹中将）に編入されていた。第二小隊の「野分」と「嵐」は本隊に配属された。

この作戦は、シンガポール（日本は占領後、昭南と名づけた）にあった英国東洋艦隊の精鋭戦艦がいつ反撃してくるか、それに備える任務もあった。「南方部隊」の全艦艇は、枚をふくんで出撃、豊後水道を通り馬公（海軍要港部、台湾海峡南部にある澎湖島に所在）に進出した後、開戦予定の昭和十六年（一九四一年）十二月八日には、待機予定位置の仏領インドシナ半島、今日のベトナム領プロコンドル島の南東海面にあった。

野分駆逐艦長は海軍中佐古閑孫太郎（海兵四十九期）。乗員が開戦のニュース（ハワイ・真珠湾攻撃の成功）を聞いたのは、南シナ海の洋上だった。

このとき、「野分」は警戒駆逐艦として本隊の最前方に位置していたが、開戦予定時刻の前、夜明けとともに前方に商船を発見し、青木厚一水雷長（六十六期）が臨検隊指揮官として派遣されるというハプニングがあった。

接近して見ると、ノルウェー国籍のヘリウス号で、青木隊長は通信兵と機関兵など十数名の隊員を指揮して搭載内火艇で接舷し、船橋で船長を尋問して航海日誌を点検したが、バンコクより香港に向かう貨物船で、とくに怪しい点はなかった。

しかし、開戦直後のことで「南方部隊」の行動が漏れるおそれがあったので、通信兵が無線機を押収するとともに投錨させ、鈴木朝美機関員などが機関室主軸のベアリングを取りはずして航行不能とし、しばらく停泊するよう命じて引き揚げ、戦列に復帰した。

昭和17年３月はじめ、「野分」は「嵐」とともにジャワを脱出する敵艦船を掃討、９日にジャワは降伏した。写真は「嵐」の砲撃で破壊された敵輸送船。

陸軍の上陸作戦がおおむね順調に行なわれたころ、命により、この商船の位置に引き返してベアリングを復旧し、カムラン湾に連行して根拠地隊に引き渡した。これがこの大戦における拿捕船第一号となった。

カムラン湾外での哨戒の合間に、入湯上陸があった。そのとき若い某三等機関兵が帰艦時刻に五分おくれた。

そのため、夜の巡検後の後部上甲板での整列で、班の古参兵から猛烈な制裁をうけた。そのときの青痣のあとが今でも残っているほどで、三十六回までは記憶していたが、その後は失神してしまった。占領地カムラン市街の上陸で、張り切りすぎたのであった。

当時の海軍では、どこでも古参兵が若い兵隊を制裁することがあった。筆者も夜間、露天甲板でその光景を見ているが、それは各分隊内のことであるので、士官が出ることはなかった。

「野分」は開戦時のコタバル海岸への上陸作戦支援を成功裡に終え、次期作戦にそなえてハワイ攻撃から帰った南雲空母部隊の訓練支援のため、パラオ諸島に進出した後、セレベス島のスターリング湾で待機していた。

南方部隊本隊は、翌昭和十七年二月二十五日の早朝、空母機動部隊につづいてインド洋に向けてスターリング湾を出撃し、セイロン島攻撃の母艦部隊と別動してジャワ島中部、インド洋沿岸のチラチャプの南方七十カイリ付近に進出した。

この海域で洋上をほぼ東西に遊弋しながら南下していったが、「野分」と「嵐」は夜半の間に敵商船四隻を撃沈、一隻を炎上させ、ついで「嵐」が明け方オランダ商船を拿捕した。

スラバヤ沖を夜陰に乗じて逃走するこの敵船舶を発見したときのことである。前出の大井暗号員長は艦橋で、魚雷発射管伝令の多田秀行三等水兵は赤坂掌水雷長の双眼鏡を借り、それぞれ暗夜の洋上を見つめていた。

探照灯で照射すると、パジャマ姿でデッキチェアで涼んでいる船員たちが、敵艦とも知らずオランダ国旗を掲げたその瞬間、「嵐」と「野分」の砲塔が轟然と火を吐いた。これが「野分」の開戦初の発砲で、この商船はたちまちにして沈没した。

「野分」「嵐」隊のオランダ商船の撃沈、「愛宕」「高雄」隊の米駆逐艦ピルスペリーの撃沈、「摩耶」「野分」と「嵐」隊の英駆逐艦ストロングホルドの砲撃撃沈、バリ島の南方での「野分」「嵐」隊の米砲艦アッシュビルの撃沈、本隊によるチラチャプの南方での豪州の護衛艦、英国の油槽船など計四隻の撃沈という大戦果を挙げた。

つづいて「嵐」が基地航空部隊から発見通報されたオランダの武装商船チサロア号を拿捕

した。この船を調べたところ、海兵隊員約百五十名と海軍生徒と称する水兵約二百五十名が乗艦していたと記録されている。

三月八日、チラチャプは日本軍に占領され、翌九日、ジャワ島は全面降伏した。

これがジャワ沖海戦で敵の戦闘艦艇に痛烈な攻撃を加えた初戦果であり、村井喜一砲術長（六十二期）と砲術員たちにとっては駆逐艦の豆鉄砲ではあったが、帝国海軍砲戦術、伝統の大艦巨砲主義のよき継承者として実戦を経験して術力を磨いた。

戦勝の奢り（おご）

この開戦の主役である南雲忠一中将（第一航空艦隊長官）の率いる空母機動部隊は、択捉（エトロフ）島の単冠（ヒトカップ）湾に集合し、十一月二十六日に出撃、長駆してハワイに向かった。「新高山登れ一二〇八」は、昭和十六年十二月八日の早朝であった。

これら開戦の勝利に海陸軍全員、そして全国民はその美酒に酔いしれ、アメリカ何するものぞとの奢（おご）りが国内に充満していった。

南方における開戦劈頭（へきとう）の諸作戦を成功裡に遂行した近藤信竹中将の「南方部隊」の各戦隊は、占領地のスターリング湾、タラカンの油田地帯、バリックパパン、マカッサル、昭南（シンガポール）、ペナンを一巡した。

乗員には各地での見学があり、たくさんの土産物、土産話を持っての帰宅となる。が、これらの地では占領後、日なお浅く武装しての上陸であり、無我夢中の見学であった。

トラックに便乗し、午前、午後の半舷上陸で見学したが、とくにボルネオ島のタラカンとバリックパパンの油田の爆撃地、セレベス島でのマカッサル島民との物々交換、シンガポールでは英国兵捕虜の道路修理作業などを目のあたりにして、あの凄まじかった戦いの跡を味わった。

緒戦の勝利に酔いしれていた南方部隊の一部（「野分」を含む）は、昭和十七年四月十七日、警戒航行をつづけて横須賀に帰港した。開戦を期して横須賀を出撃したときから五ヵ月間を連戦し、凱旋したというのが適切な表現であった。

久しぶりの内地帰還であったので、その日以後、乗員には交代で休暇、帰省が許された。このような凱旋はこのときが最初で最後となり、後はつねに負け戦の連続となる。

その翌日の四月十八日、「ドウーリトル爆撃隊」による関東、大阪、名古屋地区空襲があり、「野分」が係留していた近くの横須賀海軍工廠のドックにも爆弾が命中して、潜水母艦大鯨に軽微な被害があった。攻撃を終わった敵機は、中国大陸に避退していった。

ハルゼーの率いるこの航空母艦を捕捉撃滅するため、「野分」は緊急の出動なので、乗組員の人事異動中のまま新旧砲術長（新砲術長・小沢信彦大尉）がそろって乗艦し、休暇で帰省した者を積み残してあわただしく出港し、空母「祥鳳」と合同ののち房総沖から犬吠埼沖を捜索した。

海上は相当時化ており、敵空母はすでに遙か遠方に去ったあとで、敵影すらつかめず帰港した。このとき、インド洋作戦に従事した南雲空母部隊は、台湾付近を内地に向け北上中だった。

村井砲術長は砲術学校の高等科学生に転出し、後任の小沢大尉は機関学校教官から着任したが、すぐ兵学校の教官に転出、その後に茂木明治中尉（六十八期）が着任する。退艦していった小沢大尉は「大和」特攻の艦隊通信参謀として戦死される。

金子勝次機関兵は、工機学校の練習生として退艦し、卒業後から終戦まで、ラバウルの潜水艦基地隊で苦労する。

ニミッツの反撃

戦後の日本人は、第二次世界大戦において大負けに負けたことは知っている。

わが国の海上指揮官である提督は、山本五十六元帥（開戦時の海軍の連合艦隊司令長官で、ソロモンで戦死）、南雲忠一大将（開戦時、真珠湾を奇襲して大成功し、その後のミッドウェー海戦で大敗。サイパン島で玉砕した悲運の提督）、栗田健男中将（レイテ沖海戦で「謎の反転」をし、戦後沈黙を守った提督）、小沢治三郎中将（サイパン沖海戦、フィリピン沖海戦の最高指揮官として戦い、完膚なきまでに敗退した。終戦・復員をみごとに実施した最後の海軍総隊司令長官）、伊藤整一中将（沖縄戦中、「大和」以下を率い水上特攻として突入途中、スプルーアンスの機動部隊航空機の攻撃をうけ、「大和」沈没により自室に入って戦死）らまでは知っているが、相手の米海軍の現場の最高指揮官がだれであったかを、海軍関係者においても知るものは少ない。

ミッドウェー海戦からサイパン沖海戦、硫黄島占領戦と沖縄攻略作戦の米国指揮官は、〝沈黙の智将〟といわれている米第五艦隊司令長官のレイモンド・A・スプルーアンス中将（この間に大将となる）である。

ソロモンの諸海戦、ガダルカナル島の攻防戦とフィリピン沖海戦、沖縄戦終了後の日本本土の爆撃と艦砲射撃は、〝ブル猛将〟といわれている第三艦隊司令長官ウイリアム・F・ハルゼー大将であった。

この二人の提督を指揮し、米国太平洋艦隊の全力を挙げて戦争を指導したのは、ハワイ真珠湾の陸上に司令部を持った「米国太平洋艦隊兼太平洋軍司令長官」のチェスター・W・ニミッツ大将であった。

この両提督と二千数百トンの駆逐艦野分がどのような関係にあったのか、読者は不思議に思われるであろう。

その「野分」は、わが海軍でハルゼーとスプルーアンス両提督と戦場であいまみえた、ただ一隻の艦であるということは知られていない。

スプルーアンス中将は、昭和十九年二月十七日の「トラック大空襲」の際、北水道沖で第五艦隊旗艦の戦艦ニュージャージー（新造直後）が四十サンチ（十六インチ）砲での射撃を浴びせた日本駆逐艦（これが「野分」であることはもちろん知らない）が、水平線の向こうで懸命に回避して脱出しきった情景を艦橋から眺めている。

それは真昼間の出来事で、この艦に対しこれ以上の航空攻撃をかけることはなかった。

ハルゼー大将は、第三艦隊の司令長官、「レイテ湾海戦」（米側名称、日本はサマール島沖海戦と呼んだ）の米最高指揮官として、小沢中将の空母機動部隊と対決するため、スプルーアンスと同じ戦艦ニュージャージーを旗艦としていた。

サンベルナルジノ海峡外で、先の指揮官スプルーアンスが座っていた同じ長官用椅子から、艦名不詳の栗田部隊の落伍艦（「野分」であることは知らない）を、直率の巡洋艦部隊の先遣隊が轟沈させるのを後方から見ている。

それは真夜中のことで、トラック大空襲からわずか八ヵ月後の出来事であった。しかし、このとき、栗田部隊の残りの艦隊を、三時間前にその海峡を通峡させてしまった。

この二人の名将が、このように「野分」と直接に関係があったということは、第二次世界大戦米合衆国海軍作戦史、いわゆる『モリソン戦史』の著者モリソン博士（少将として参戦）も気がつかなかったことなのである。

第二章　赤道を越えて

南雲対スプルーアンス

真珠湾奇襲での勝利により、国中が沸き返っていた。
ドウーリトル爆撃隊の本土の奇襲攻撃をうけたこともあり、山本連合艦隊長官によるミッドウェー島を占領する攻略作戦が行なわれようとしていた。この作戦は、わが将兵の間では公然の秘密であり、またアメリカも察知していた。

そして、日本軍は昭和十七年五月四日に南太平洋の名も知らなかったツラギ島に海軍陸戦隊を上陸させ、ガダルカナル島に飛行場を建設し、米本土から豪州方面へのアメリカの海上交通路の遮断作戦に備えようともした。

このツラギ島に海軍陸戦隊を上陸させ、そしてガダルカナル島に飛行場を建設しはじめた日本軍の進出を阻止するため、出動してきた米第十七航空戦隊司令官フレッチャー中将を指揮官とする第十七任務部隊と、第四艦隊司令長官井上成美中将のポートモレスビー攻略部隊麾下の機動部隊とのあいだで「珊瑚海海戦」が行なわれていた。

この米側の海域部隊（南太平洋軍）の最高指揮官ゴームレー中将はあまり積極的ではなかった。

司令部をニュージーランドのオークランドに置いていたが、ニューカレドニアのヌーメアに移動し、進攻の計画もリハーサルも、またその遂行にもほとんど手をつけていなかった。

本国からの遠征部隊は、機動部隊をフレッチャー、両用戦部隊をターナー少将がそれぞれ指揮していた。このターナーがガダルカナル島に第一海兵師団一万人を上陸させるのは、まだ先の八月の初めのことになる。

ゴームレーの海域部隊の西側はマッカーサー陸軍大将の担当の「南西太平洋軍部隊」であり、ともに米合衆国統合参謀本部の指揮下で、それぞれ陸海各部隊を統括指揮していた。

ミッドウェー海戦で空母４隻を失い、大敗を喫した南雲中将。

当初、日本軍が優勢な戦いを進めていたので、ニミッツは、ハワイにあった第十六航空戦隊の司令官ハルゼー中将に第十六任務部隊を率い、ソロモン海域で日本空母機動部隊と戦闘中のフレッチャーを救援するために急遽、駆けつけるよう命じた。

ハルゼーは東京地区を空襲するドウーリトル爆撃隊を発艦させたのち、四月二十五日にハワイに帰ってきたばかりであったが、二隻の空母エンタープライズとホーネットは休む余裕もなく五日後に出撃している。まさに東奔西走の明け暮れであり、いかに艦艇が逼迫していたかを示すものである。

珊瑚海海戦で互角以上の戦いをしたといわれていた第五航空戦隊（瑞鶴、翔鶴）の司令官原忠一少将が軍状奏上のために上京したとき、軍令部の廊下で大井篤部員（中佐）が呼ばれた。


大井「おめでとうございます」

司令官「敵は強いぞ」

大井「でも勝ったでしょう」

この司令官は「いや……、それが……、連合艦隊に報告した」ということであった。

「それでも、天佑神助が頭から去らなかったのでしょう」

と、大井さんは回想する。

原忠一少将はのちに中将に進級し、トラック基地が空襲をうけ、何らなすところなく在泊艦船四十余隻を失うという大失態をする小林仁第四艦隊長官の後任となる。


「野分」は母港で乗員（下士官兵七名）の交代を行なった。（以下、①〜④は分隊名を示す）

①砲術員＝角田清志、毎沢茂教、堀川清、鯉沼守、奈良岡誠一、石田金治郎
②水雷員＝瀬川利雄

「野分」は、有賀幸作司令の指揮下で、昭和十七年五月二十七日、瀬戸内海西部の柱島艦隊泊地を勇躍出撃し、作戦海面に向かう。だが、南雲機動部隊の行動は筒抜けであった。

日本艦隊の進攻作戦の情報を知ったニミッツは、ソロモンに進出を命じてあったハルゼーの空母任務部隊に即刻反転、ハワイに帰るよう命令した。

このとき、ハルゼーは持病の精神的皮膚病が極度に悪化し、ハワイに帰着と同時に入院することになった。その後任に盟友のスプルーアンス少将を推薦している。スプルーアンスは自分は航空関係者でないから、と辞退しているが、ニミッツは彼を後任に任命した。急場のことであったのでハルゼーの幕僚と、旗艦エンタープライズはそのままであった。

もしハルゼーがそのままミッドウェー作戦を担当していたならば、「ミッドウェー海戦」は大きく変わっていたであろう。スプルーアンスは、あまりにも慎重な状況判断をしたので、昼間の航空攻撃終了後の追撃戦であり得るべき戦果を逃がしてしまったと、後世の史家が批判することになる。

南雲長官も航空出身者ではないが、小沢中将の推薦により長官に任命されたといういきさつがある。彼は若いときはきわめて積極的であったが、この航空艦隊の長官になってからは昔日の闘志が失われ、実質的には航空出身の源田実参謀（高松宮と同期の五十二期。戦後、参議院議員となる）が取りしきる。

当時四十歳前の中佐がこの作戦を指揮した。この参謀が作戦打ち合わせで軍令部に来たとき、一つ先輩の大井篤中佐（五十一期）に、

「赤子の手をひねるようなもんだ」

と公然とうそぶいていたという。この参謀だけでなく、軍令部の図上演習でも、作戦担当部員と艦隊司令部の作戦参謀たちもそうであり、奢りの頂点であった。

しかも、ミッドウェー占領という作戦は、山本長官とその片腕黒島亀人参謀の二人による真珠湾奇襲成功後の、ソロモン進攻作戦と合わせた、後のことを考えない戦略であったという。

このような日米両軍の司令部の陣容で日米の航空母艦同士の海戦、いわゆる「ミッドウェー海戦」がしのぎを削って行なわれた。

米空母機動部隊はハルゼーと交代したばかりの智将といわれたスプルーアンス率いる第十六任務部隊と、珊瑚海から急遽駆けつけたフレッチャーの第十七任務部隊とからなっていたが、最高指揮官フレッチャーの旗艦ヨークタウン（わが方は珊瑚海海戦で大破と判定したが、ハワイで三日間の応急修理して参加）が空母飛龍の航空機攻撃で航行不能となっているところを伊号一六八潜水艦が雷撃、沈没させた。

南雲機動部隊は空母四隻を失うという大敗戦を喫した。日米の海戦でアメリカが日本の進攻を阻止した三つの海戦があったが、これが第一のものであった。

沈みゆく艦への別れ

このとき、第四駆逐隊は空母赤城の直衛に当たっていた。敵の攻撃をうけて炎上をはじめた「赤城」の乗員を収容し、痛恨きわまりない味方の魚雷での処分をすることになった。

「野分」は僚艦（嵐、萩風、舞風）とともに、九三式魚雷を敵にではなく、味方に発射して処分をした。

甲板上では、乗員と救助された赤城乗員がともに沈みゆく艦に泣きながら別れを告げた。最後のその状況を目のあたりにし、みずから魚雷を発射した古閑艦長は、つぎのとおり追悼する。

「命中後、約二十分にして光輝ある赤城もついに艦影を没し、五千メートルの海底深く眠ることになった。赤城の艦首天を仰いで水面下に没せんとするときの間、転々胸うずくのみであった。総員黙禱を捧ぐ。赤城の艦影水面下に没して約七分にして大爆発音あり、船体激動を感ず。御写真と、主として飛行機搭乗員および関係者、板谷少佐以下二十五名、下士官兵百四十八名を収容した」

「嵐」に救助された「赤城」乗員のうち、西川弘道二等水兵、斉藤喜市および久保田茂夫の各三等水兵がまもなく、空母「蒼龍」沈没で軽い火傷を負ったが助かった吉沢修一一等水兵(信号員)はその後、それぞれ「野分」に配乗することになる。

開戦後わずか半年で、このように海軍の作戦指導が挫折、決定的な海軍戦略の崩壊であった。そして、戦局はこれをさかいに急速に転落していくことになり、後は坂道を転ぶように敗れていく。航空部隊、艦船部隊、潜水艦部隊は大奮闘したが、敗勢はとどまらない。戦略の失敗を戦術でおぎなうことは不可能であり、いたずらに第一線の若者に無理強いをさせることになる。

圧勝に終わったスプルーアンス側にも問題があった。普通ならば、ここで西に向かって一大追撃戦を行なって戦果の拡大につとめるべき段階である。ところが、スプルーアンスは

「飛龍」を攻撃して帰ってきた飛行機の収容を終わると、すぐに東を向いて戦場を遠ざかっていった。

この意思決定は、一見して日本艦隊撃滅のチャンスを逸したように見えたから、後日、手きびしい非難の的になった。

これに対し、スプルーアンスはいう。

「私の主要な任務はミッドウェー島の占領を防ぐことであり、敵が占領企図を放棄したかどうかは、まだわからなかった。もし西へ進めば、私は空母が使用できない夜間に優勢な敵と夜戦をまじえる危険をおかさなければならない。日本海軍が夜戦の砲術と魚雷戦にたけているのは定評があった」

「私は夜間は東に進み、明け方にミッドウェー島を航空支援できる距離にいたいと考えたのだ」

戦後、日本軍の行動が正確にわかったため、この意思決定を非難するものは一人もいなくなった。

「野分」と「嵐」は、「赤城」の最後を見届けた後、本隊に合流、アリューシャンに敵艦隊（スプルーアンス）策動の気配ありとの情報で、防暑服を防寒服に着替え、同方面に向かい、アッツ島の二百二十度、四十五カイリに進出して一週間ほど霧の中を索敵したが敵影を見ず、大湊に寄港した。

敗退した南雲機動部隊の行動については、その後徹底した秘密保持がなされた。筆者たち第七十一期生徒はこの時期、まだ兵学校の最上級生（一号生徒と呼ばれている）で、卒業はまだ五ヵ月ほど先になる。敗戦の詳しい状況を知らなかったので、この戦勝の勢いだと卒業しないうちに戦争が終わってしまうと真剣に考えて、草鹿任一校長（のちラバウルの南東方面艦隊司令長官）に卒業を早めてくださいとお願いしたのはこの時期であった。

この作戦に参加して辛くも生き残ったが、損傷した第一航空艦隊の敗残艦艇は呉港に帰ってきた。兵学校の生徒はこのことを噂に聞いて、江田島の玄関口、小用港近く古鷹山への登山道から呉港内の小麗女島越しに望見し、現実を自身の目でたしかめた。来校した七十期生の先輩の少尉たちから全貌をひそかに聞き、暗澹たるものを感じてショックであった。

沈没艦の乗員は木更津に隔離され、負傷者約五百名は洋上で「長良」に収容されて柱島にはこばれ、病院船氷川丸で横須賀病院に移送後、厳重な警戒下で治療した。この中に、先の「蒼龍」沈没で軽い火傷を負ったものの助かった吉沢一水もあった。

行動可能な参加艦は母港にも帰れず、内海西部の艦隊泊地柱島、九州の艦隊訓練地の佐伯湾、古江、佐伯、鹿児島を転々として、飛行訓練警戒艦任務、出動訓練の支援にあたった。

水雷長の青木厚一中尉が兵学校の教官に転出、後任は艦内の交代で航海長の同期生金井利夫中尉が昇格、そのあとに予備中尉の別府秀夫（神戸高船）が着任した。

下士官兵の着任者はつぎのとおりで、呉での乗艦である。

①砲術員＝斉藤喜市

①か②？＝西川弘道、久保田茂夫、高見沢元市、石野寛

③航海科員＝（信号員）金子章、（電測長）長津直治

（〈①か②？〉は砲術員か水雷員か不明者を示す）

「赤城」沈没で「嵐」に助けられた斉藤喜市三等水兵は大正十年生まれの筆者より一つ年上で、埼玉県庄和町で農業に従事していたが、大東亜戦争勃発直後の十七年一月、現役兵として横須賀海兵団に入団した。久保田茂夫三等水兵は、千葉県印旛村に妻と三歳の娘さん、両親を残して入団、新兵教育が終了してともに「赤城」に乗艦を命ぜられていた。

この斉藤三水は東京駅より出発するとのことで、突然、東京浅草にいた叔母さんの家へ立ち寄った。今日のように電話が普及していれば両親は肉声を聞くことはできたであろうが、両親、兄弟との別離もかなわなかった。当時、呉までは、白い水兵服で、重い衣嚢をかついでの蒸気機関車の赴任旅行であったので、とくに煤煙を気にして大変なものだった。「野分」乗艦後は家郷にたいする音信を随時していたが、内容はいつも同じ「元気にて奉公している」というものであった。

小学校の訓導をしていて、徴兵されたいわゆる短期現役下士官（短現と略称）で六月三十日に海兵団を終えたばかりの高見沢元市、金子章、石野寛の各三等水兵たち、「赤城」の沈没で助かった西川弘道二等水兵も、同じ赴任旅行をして呉で着任した。

ソロモン海の死闘

八月七日になって、ガダルカナル島（南緯十度、東経百六十度）に米海兵隊（スミス海兵少将）が大挙して上陸、本格的な反撃を開始して来た。

司令有賀大佐は第一小隊（萩風、嵐）を直率してこのソロモン方面に先行し転戦している。

第二小隊（野分、舞風）は呉での補給整備をすませたところで、横須賀に帰ることもならず十六日、呉を発し、柱島泊地経由、その日のうちに三千二百カイリのソロモン海域に向かって出撃していった。

先行していた僚艦「萩風」はその二日後に実施される旭川の一木支隊を輸送する作戦中に被弾して後退、修理に従事することになる。

瀬戸内海の柱島泊地から、赤道に近く遙か南のトラック基地まではおおよそ二千カイリあまり、二十ノットの速力で四、五日の航程である。ここから赤道を越え、南の前線根拠地ラバウル、さらにまた南のソロモン群島のショートランドに一気に移動することは日常茶飯事の当時であり、負けはしたが、雄大な作戦行動であった。

よくもあのような無謀な作戦をしたものと理解に苦しんだが、山本長官の旗艦大和の艦長松田千秋元少将の生前の回想に、横山一郎さん（元少将、松田さんの三期後輩で、終戦時のマニラ派遣使節団の海軍代表）が言われたという、つぎのような「ブラフ」ということであるならば、多少わかるような気がする。

「横山一郎さんは、山本長官がバクサイに長じていたといわれているが、そうではない、あれは脅し（ブラフ、bluff）で勝っているのですといわれる。公算的にいえば、あのような戦争は勝つことはない。しかし、真珠湾攻撃、ミッドウェー攻撃、それからアリューシャンとかソロモンとかあの方面に手を出す。これはブラフなんです。結局、博打（ばくち）では勝てるが、本当の戦いには勝てない。山本さんはおそらく戦死される前には、その辺のことは感づいておられただろうと思う。黒島亀人参謀の面白いアイデアでも駄目だ。そういうような気持ちではなかったか」

これからはつねに負け戦を強いられたのであり、参戦した者たちの士気は、作戦が進展するごとに低下するばかりであった。とくに小艦艇にあっては、狭くて熱い艦内で休む暇のない対敵行動を遂行したことは大変なことであったが、みんなよく耐えて戦ったというべきである。

「野分」と「舞風」は八月二十四日から始まった第二次ソロモン海戦に参加した後、トラック泊地を出撃した機動部隊の直衛駆逐艦として第二艦隊を基幹とする前進部隊を支援し、ソロモン諸島の北方海面を行動した後、トラック泊地に帰投した。

つぎからつぎへの島づたいのニミッツの攻略に追いまくられて、基地での充分な休養は許されず、まったく寧日のない南方第一線の作戦行動であった。

ふたたび、東亜丸を護衛してショートランドに進出し、折り返しで同船と「白雪」を護衛してトラック島に引き揚げたところで、さらにまた九月十日発でソロモン方面支援作戦に参加した後、ようやくトラック島基地に帰着し一段落した。

この時期までのソロモン海域における実質的な主戦力は、空母基幹の航空兵力、戦艦の大艦巨砲と水雷戦隊の魚雷であったが、これ以後においては駆逐艦以下の小艦艇に移ることになる。

そして、潜水艦も取り残された前線部隊への食糧、弾薬輸送、病人の後送など、いっそう困難な作戦を強いられ、帰り得なかった多くの艦とその乗員が続出する。

これに反し、米国海軍は、終戦までに、太平洋艦隊だけでも建艦総隻数は、空母百二隻（日本側十六隻、以下同じ）、戦艦八隻（二隻）、重巡十五隻（なし）、軽巡三十二隻（五隻）、駆逐艦七百四十六隻（六十三隻）、潜水艦二百三隻（百十八隻）、総計すると米国の千百六隻に対するに日本は二百四隻で、その差は大きく、これでは戦争にならなかったとは後の祭りである。

アメリカにとっては太平洋戦争は海軍の戦争であり、中国大陸に展開中の日本の陸軍に対しての考慮はなかった。ちなみに、米陸軍は航空部隊（当時は空軍はなかった）を含む八百万余を動員したが、太平洋海域にはその四分の一以下しか配さなかったという。

この膨大な、巨大な艦隊をニミッツの指揮下で二人の提督ハルゼーとスプルーアンスが交互に指揮することになる。当時、「出てこいニミッツ、マッカーサー」と歌われたが、ニミッツはハワイの陸上ででんと構え、出てきたのはハルゼーとスプルーアンスであり、マッカーサーであった。

そのニミッツが出てきたのは一つの作戦が終了した後の飛行艇による前線視察、マキン、タラワ、サイパン、硫黄島、レイテ、沖縄など、そして最後は東京湾、戦艦ミズーリ艦上での日本降伏の調印式であった。

ラバウルを根拠地とした南東方面艦隊正面にたいする戦局は緊迫の度を増してきた。このような実情下においてガ島の敵攻略軍を撃退するため、八月に送っていた旭川師団の一木支隊を増強するため仙台の第二師団、川口支隊（川口清健陸軍少将）を駆逐艦群で輸送する作戦が、約一ヵ月後の十月に決行されることになった。連合艦隊水雷戦隊の駆逐隊主力が投入される。「野分」と「舞風」も指定された。

この輸送作戦は、十数回にわたって実施され、トラック基地に進出した直後の「野分」と「舞風」が十月一日に最前線基地ショートランドに進出して「南東方面増援部隊」に臨時配属された時期は、すでに終わりに近く、両艦の参加したのは十月三、六、九日の三回だけであった。

敵はわが海軍設営隊がつくった飛行場（米軍名称ヘンダーソン飛行場）を占領して使用しはじめたので、在泊中、敵機の来襲は毎日であり、避泊して敵をやり過ごしたとの記録が残っている。

十月三日、「野分」の第一回目の輸送は「日進」の警戒艦として「舞風」とともに出撃した。出撃前にも数回敵機の来襲があり、航行中に敵の艦上爆撃機が来襲、「日進」が至近弾をうけ、船体に軽微な損傷をうけた。「野分」も至近弾二発をうけたが、被害はなかった。兵員を搭載した輸送部隊は交戦しながらも進撃をつづけ、サボ島の南側から進入し、午後九時少し前にガ島の北海岸に着き、揚陸を開始した。しかし、敵の雷撃機、爆撃機の攻撃があり、対空戦闘に入って揚陸ができなくなったので作業を止め、帰途につき、任務遂行はできなかった。「野分」には被害はなかった。

十月六日は第二回目であり、「野分」と「舞風」は第十九駆逐隊司令の指揮で、「浦波」「敷波」「秋雲」「巻雲」に速射砲四、連隊砲二、陸軍五百五十名、舞鶴第四特別陸戦隊の百五十名と弾薬、糧食を分載してタサファロングに揚陸した。

陸軍は各自飯盒を持参するが、この舞鶴陸戦隊は大きな釜を携行し、共同炊事の構えであ

る。浦波通信士であった竹内芳夫中尉（当時、六十九期）は、

「こんなことでガ島でやれるのかしらん」

と、不安に思ったと回想される。

十月九日の輸送には「野分」も参加しているが、公刊戦史の記録では、「十一名の死傷者があった」となっている。『野分行動調書』によると「十日、敵機数回来襲、戦死二、軽傷九」とある。戦死者についての元乗員の記憶は定かでなかったが、厚生省での調査により、若い諏訪金吾一等水兵、高橋薫一郎二等水兵と判明した。

その後、敵の航空母艦部隊が出てきたという敵情の変化により、「野分」と「舞風」は十月十一日、ショートランドを出港し、補給部隊に編入されて行動した。作戦が終了して十九日、トラックに入泊、さらに敵情が切迫して「南太平洋海戦」となるのであるが、このとき「野分」が所属した補給部隊は決戦海面を避け北西に避退し、三十日、戦闘部隊はこの泊地に帰投した。

砲術学校の普通科練習生を修了した国分昌夫二等水兵もこの時期に乗艦発令されている。国分氏の回想による着任はつぎのとおりで、まれにみる劇的なものであった。

横須賀において空母（戦後の調査で「翔鶴」と判明）に便乗してトラック島に到着したとき、お目当ての「野分」は、ソロモン方面に行動中のため、僚艦「嵐」に臨時乗艦を命じられた。

このとき、「野分」などは南太平洋海戦の作戦支援にあたっていたので、地味な作戦行動の参加であったが、この国分二等水兵だけは激烈をきわめた空母作戦を目のあたりに見ている。「嵐」に臨時乗艦のまま「翔鶴」の直衛として初陣し、その「翔鶴」が被弾損傷したの

を初体験した。これが彼の回顧談であり、トラック基地に入泊したところで着任した。

つぎの者たちも同じであったろうか。

①水雷員＝佐藤忠雄、薄井健治

③航海科員＝（信号員）岸智、福士俊男

（烹炊員）中三川作治郎、保坂悦三

この海戦が終わったところで、「野分」は僚艦（嵐、舞風）とともに、損傷した「翔鶴」を護衛して横須賀に帰還することになった。航海途中の十一月一日に「海軍武官階級表」の大改正が施行される。

帝国海軍における一大改革であり、長年論議になっていた機関科士官問題に終止符を打ち、兵科士官と統合して「軍令承行令」上の不都合をなくし、兵科士官も機関科士官も、特務士官も共に差別がなくなり、海軍部隊の運用に適合するようになった。

士官の階級名称は、たとえば、今までの海軍機関少尉も、海軍機関特務少尉もすべて海軍少尉となり、下士官兵の呼称も大幅に変更された。

下士官は従来の「一等兵曹から三等兵曹」を「上等、一等、二等各兵曹」に、兵は「一等水兵から四等水兵」を「水兵長、上等、一等、二等各水兵」と改められた。

航海中の乗員は新しい階級章の付け替え、新しい呼称に戸惑ったことであろう。それまでは海軍四等水兵として海軍に入った者は、海兵団入団中の三ヵ月間は「新兵」といわれた最

昭和17年後半、南太平洋を行動中の「翔鶴」。南太平洋海戦で爆弾4発を受け、損傷した同艦を「野分」は横須賀まで護衛した。

下級の兵で、通称「カラス」といわれ、階級章はなく、卒業して初めて三等水兵となって階級章がつけられ、各部隊に配属された。

昭和の海軍は、明治の先輩のいわゆるハングリー精神がなくなり、戦略的、戦術的、人事的等々においてボタンのかけ違いをした。

それは、長期にわたる左脳的（ロゴス思考、秀才型）の人材が中枢をしめて行政も用兵も硬直化し、時代の進歩に即応できなかった。右脳的（パゴス思考、感情型）な柔軟な発想を持つ人材を登用すべきであった。そして、終戦まで、ボタンのかけ違いに気がつかず、海軍を滅亡させるという悲劇にいたった。

しかし、この改正だけは見事な処置であったが、少々遅過ぎた。

「野分」は、何事もなく十一月六日に横須賀に帰ってきた。何事もなくと表現したのは、つねに潜水艦の脅威があるからである。

ミッドウェー作戦のため横須賀を出港した五月十六日以来の長い作戦期間であった。

僚艦「萩風」は前述のとおり、七月の一木支隊のガ島輸送時にうけた被害のため横須賀で修理中であったので、第四駆逐隊の四隻がひさしぶりに一堂に会した。開戦後は一度もなかったことだが、この機会が最後で、まもなく第一小隊（萩風、嵐）の二隻がソロモンにふたたび進出した後、最期を遂げるのである。

横須賀に帰ってから機関科士官五名のうち四名の移動が行なわれた。機関長に菊池留吉（機関）中尉、いずれもこの損傷した「翔鶴」からの着任であった。機関長に菊池留吉（機関）中尉、機関長付に光山末吉機曹長、罐長に末岡章（機関）少尉、そして掌機長に中村音吉機曹長である。

さらに、掌水雷長に小川源治兵曹長が着任しているが、どこからの交代であったろうか。

日米間に戦争必至という機運がたかまりつつあった時期の昭和十四年四月一日に、米軍のビンソン案に対抗して「第四次軍備計画」が発動された。

その士官増員計画の申し子である兵学校第七十一期の海軍生徒六百一名（それまでは三百名、一つ上は臨時に四百五十名）はこの年の十二月一日に入校し、卒業一年前に戦争が勃発した。三ヵ年半の教程が半年短縮されて、このような戦況下にあった時期（昭和十七年十一月十四日）に五百八十一名が卒業した。開戦一ヵ年後であった。

後出するところであるが、舞鶴において入校直後から「野分」の建造を目のあたりに見てきた姉妹校の機関学校の百十五名、東京築地からの経理学校の三十二名の各科少尉候補生たちとともに、実務練習航海実習が瀬戸内海西部において、第一艦隊司令長官（中将・清水光美)のもと、戦艦六隻で実施された。

海軍当局の期待は大きく、旗艦長門、竣工直後であった新造の「武蔵」、空母戦艦に改造直前の「伊勢」と「日向」、さらに「扶桑」と「山城」が加わったかつてない規模のものだった。

実習期間はわずか二ヵ月という短いもので、平和時の先輩たちの華やかなヨーロッパ、アメリカ、オーストラリアなどへの遠洋航海実習に比すべくもなかったが、戦局急迫のこの時期、許されるぎりぎりのものであった。

このような実習は、これが最後となった。筆者は「伊勢」に配属された。

「野分」、航行不能の大破

横須賀における定期修理整備は例によって短い期間であり、ふたたび呉経由で豊後水道に面した大分県臼杵湾に回航し、飛行艇母艦秋津丸を護衛してラバウルに直航した。そして、ショートランドに進出する。この地は東京から南に三千二百カイリの距離で、はるか南溟の地である。

この間、ガ島のアメリカ軍においても破綻が何度かあった。当初は、優勢に作戦を進めていたが、十月十三日、戦艦の「金剛」「榛名」による飛行場の砲撃と、それに引きつづく第二師団主力のガダルカナル島強行上陸の一木支隊の増援により、一時的に危機に当面した。

この時期、ルーズベルト大統領のじきじきの命令による大兵力の投入があり、また、ニミッツによって指揮官ゴームレーがハルゼーにかわった。

山本長官のガダルカナル島占領作戦は、当初、わが軍に有利に展開していたが、来着したハルゼーは猛将であり、その指揮で戦局は一変する。このことがアメリカ軍の指揮官交代によったことであると知っている読者は少ないであろう。彼は後方のヌーメアの陸上司令部で陸海軍の統合部隊を指揮した。

その後、翌十八年四月に入って、山本長官の前線視察を暗号解読で知ったハワイのニミッツは、このハルゼーに撃墜を命じた。ハルゼーはただちにアンダーソン航空基地に命じてP38戦闘機（陸軍）を派出することになる。

西隣りがマッカーサー陸軍大将の指揮する統合部隊の担当であり、その境界線上にあるのがこの海域だったから、部隊指揮、作戦担当海域について多くの問題があったが、曲がりなりにも解決している。

これに反して、大戦略を欠き、戦術だけで勝てると思い上がった日本の陸海軍の作戦指導の不一致の結果は明瞭である。海軍の艦艇は、それまで蓄えた海軍戦力を失うことになり、その再建ができないうちにつぎからつぎの敵の攻略になすところがなかった。そして、艦隊の乗員全体が急速に平常心を失っていくことになる。

この急速なる米軍の攻撃は、すでに述べたように、スプルーアンス（智将）とハルゼー（猛将）を交互に交代させ、息もつかずに日本艦隊を攻めあげるというニミッツ太平洋艦隊司令長官の新しい戦略によるものであった。この指揮官交代のシステムは終戦までつづくのである。

猛将ハルゼーは彼一流の強気で日本軍の攻撃をうけとめ、ハネ返しつづけ、ついに翌年二月に日本軍をガ島から撤退させることになる。彼はその功績によりこの作戦中に大将に進級した。

在島のわが現地部隊は海軍の総力をあげての支援にもかかわらず、補給線の破綻によって陸上戦闘が悪化をたどり、ガ島はほんとうに「餓」島となりつつあった。大本営はそれまでの陸軍部隊増強の方針をとりやめて、部隊が生存するための食糧、弾薬などの輸送を、駆逐隊の総力をあげて行なうように指示した。この作戦で、参加した駆逐艦の被害は激増していく。

帝国海軍水雷戦隊の精鋭駆逐艦が、建軍以来の伝統たる魚雷戦をする機会もなく食糧の敵前輸送に当たり、さらに、疲労困憊に達した現地部隊の撤退をすることになる。米艦隊の島伝いの飛び石作戦で取り残され孤立した島々に潜水艦も食糧を輸送、負傷者の後送を余儀なくされ、本来の用法を逸脱した作戦に酷使されて被害も激増していった。

遠路到着したばかりの「野分」と「舞風」もふたたび「外南洋増援部隊」に編入され、第三水雷戦隊司令官の下に第十五駆逐隊の三隻、第三十一駆逐隊の「長波」と「巻波」、第二十四駆逐隊の二隻、そして「夕暮」とともに食糧を入れたドラム缶を搭載して、十二月三日、ショートランド発でガ島に向かった。

輸送隊の「巻波」が至近弾により小破しただけで、他の艦には異常がなく、翌日の午前零時過ぎタサファロング着、ドラム缶千五百個を投入し、一時間で作業を終了した。帰路は中央航路を経て、その日のうちにショートランドに帰着した。

このとき、来襲した敵機十八機のうち一機を撃墜したと記録されているが、主砲（十二・

七サンチ高角砲、連装三基）の射撃を行なっていたので墜落したグラマン一機を見て、艦橋から天蓋（艦橋の上の射撃指揮所をこう呼んでいた）に向かって大騒ぎしていたが、後で味方の零戦が撃墜したものとわかった。

輸送隊が多くの犠牲を出し、乗員の並々ならぬ苦労で海中に投下したドラム缶を所在の部隊に引き渡す。横須賀出港時、現地におくる「大発艇」を搭載し、その艇長予定者（海野兵曹）も臨時に配乗している。これらの大発艇を艦尾に曳航して突入する。

現地に到達した各駆逐艦には、ドラム缶を各舷側に百本ずつ合計二百個を綱でつなぎ、その中に米、塩、医薬品を八分目ほど入れ、浮くようにしてある。日本軍の最前線ルンガ飛行場近辺まで進入、漂泊してドラム缶を海中に投入する。その先につないであるロープ八百メートルは大発艇の中に束ねてあり、舷側をはなれた艇は、ロープを少しずつ出しながら海岸に向かいリーフに乗り上げて、待っている友軍にその端を手渡すと、それを引けばドラム缶が陸に揚がるようになっているが、成功例は少なかった。

もちろん、夜間の作業であり、艇底がリーフに触れて浸水がはじまり、帰艦したときは沈没寸前であったと、大発の機関長をつとめた寺門美氏が回想する。

暗夜で、帰ってきても他の艦では絶対に収容してくれなかったので、残された大発艇が多数あった。艇員は三種軍装（陸戦服）、小銃、弾二千四百発入り箱一個、食糧一ヵ月分を積み、帰艦できなかった場合は夜間だけ航海し、島にそって右へ行けばカミンボに上陸している海軍部隊と出合うだろうとの心細い命令をうけて、任務を遂行したと海野氏は回想する。

前線基地への帰投時、後甲板に痩せおとろえて自分では動けない兵隊が置いてあるのを目撃した乗員の印象は強烈であった。夜間接舷した陸軍の舟艇員がひそかに乗せたもので、最前線での戦友愛の発露である。

十二月七日、「野分」と「嵐」は、駆逐艦十一隻よりなる第三次輸送隊に所属し、中央航路をとって南下した。任務はこの輸送隊の警戒で隊列の中央を航行している。夕方までは零戦二十機の上空警戒をうけていたが、敵戦爆十六機が来襲、輸送隊は零式観測機とともにこれと交戦し、敵艦爆二機、戦闘機一機を撃墜した。

敵の攻撃は対空戦闘に専念していた警戒艦任務の「野分」に集中し、右舷中央至近距離、海中で破裂した爆弾により前部機械室右舷に大破口を生じた。前部機械室には中央隔壁がなく、二基の高・中・低・巡航各タービンが同じフロアーにあるので、瞬時に海水が侵入し、戦闘配置についていた十五名全員が戦死し、艦は航行不能となった。

輸送隊は「野分」に警戒艦をつけて別動させた後、ガ島に向かったが敵魚雷艇、敵機の反撃をうけ、揚陸の目途がたたず断念して引き返した。分離された「野分」は、僚艦「嵐」に曳航され、「長波」が護

昭和17年11月23日、「野分」は呉を出港、東京急行と呼ばれるガ島輸送に従事した。写真はガ島に向け南下する日本の駆逐艦。

衛してショートランドに引き返した。

機関長　菊池留吉（機関中尉）

機械長　大宮貞一（機関兵曹長）

運転下士官　三輪卓雄、大嶋卯三郎（上等機関兵曹）

運転員　星三代治、大田正治（一等機関兵曹）、松橋三造、岸金蔵、隠岐広、安田大吉、上野俊夫、大上繁義、大図鉄男、赤沢喜四郎（機関兵長）

伝令　朝比奈毅雄（一等機関兵）

が戦死した。

戦死した機関長は横須賀で着任し、わずか二十日あまりの勤務期間であったことになる。まったく不運なことであった。

艦橋上の射撃指揮所にいた前出の国分二等水兵（方位盤の動揺修正手）と、上甲板の後部煙突に近い機銃台にいた煙監視員熊谷敏雄（旧姓枝）二等機関兵は、爆弾が艦に吸いこまれるように落下してきて、右舷の内火艇ダビット付近に命中したのを目のあたりにした。右舷の上甲板が大きくめくれあがり、左舷側しか通行できなくなった被爆時の状況もつぶさに見ていた。一瞬のことで、若い彼らにとっては生まれて初めての体験であった。

熊谷機関兵は罐部で一番若い兵隊だったため、戦闘配置では露天甲板上に待機し、煙突から出る煙の濃淡を罐部に報告する任務をあたえられていた。この報告により、罐部指揮所は重油の噴射を加減する。黒い煙は遠くから見えるので、対敵考慮の上からも重要な当番である。機銃員のように射撃していれば怖さもなくなるが、まったくの丸腰であったので、下半身が縮み上がったという。

この両人ばかりでなく、乗員の多くにとっては初めての爆弾の洗礼であり、至近距離であったが幸い水中爆破のために被害が前部機械室に局限されて、上甲板以上で爆発点の一番近いところにいた多くの者たちにも被害がなかった。大破した前部機械室以外の配置にいた機関科員たちにとっては生死にかかわることであったので、その体験を切実に記憶し、今でも深く追悼している。

被爆により圧壊した前部機械室の主機械操縦室で、直前まで運転下士官として共に操縦ハンドル（推進軸は二軸ある）を握っていた大土三郎機兵曹と小笠原武雄機兵曹は、紙一重の差で難をまぬがれた。

「艦橋からの『戦闘配置に就け』で総員が固有運転配置につきましたところで、菊池機関長より軸室の方を見に行くように命令され、部下をつれ軸室に行きました。軸のねじれを計測し、機関操縦室に報告、軸管パッキンの監視の任務につきました。しばらくすると、高角砲の音が響き、そのうちに機銃の発砲音がして、まもなく取舵一杯、大きく左に傾きました。と同時に、ガーンと大きな衝撃があり、大きく右に傾きました。無我夢中で直立梯子を登ろうとしても、傾いているので登るのに苦労しました。しばらくすると、平常にもどり甲板に出ました」

後部機械室にいた荒川福吉機関員によると、対空戦闘開始の数分後、爆音と激動が一瞬のうちに起こり、同時に右舷に傾き、数秒後にスクリューの回転も補助機械も全部止まった。

「室内は真の闇になり、蒸気が吹き出し、通常航海でも機械室は四十度以上になるが、あのときは想像以上の熱気が室内に充満した。配置についていたのは、寺門機関員など数名の補機員で、闇と熱とで耐えられなくなり、私は部下を指揮して脱出を決意して、急ぎ昇降口へ行った。腰には防毒面の袋、艦は傾き、脱出は容易ではなかったが、整然として上甲板へ全員脱出した」

上甲板に出た彼らは、それぞれ破壊されたところを見て、「言葉がなくただ呆然として立ちすくんでしまった」「蒸気がもうもうと立ちのぼり、右舷側外板に大きな穴が開いていた。夢中で大声で同僚の名前を呼びつづけたが、返事はなかった」と回想する。

第二罐室にいた鈴木朝美機関員によると、損傷した前部機械室の前隣りの第三罐室は爆風によって被害浸水を生じたが、後部機械室には浸水がなかった。その中間部の前部機械室だけが爆風のため、右舷にあった相当重量のある復水器や各種パイプなどがほとんど左舷側に吹き飛ばされ、押圧されていた。爆撃をうけたのは午後五時過ぎで、しばらくして太陽は沈んだが、明るさは残っていたので、パイプなどにはさまれたままになっていた同僚の手や足が波に洗われて、夜目にも白く不気味にフラフラ動いていたのが分かった。

ショートランド島に曳航されてから詳細に調査したところ、星三代治機曹は高いところにひっかかって、岸金蔵一機のエンカン服が爆風で脱げていた。菊池機関長も、安田機兵長も揚げられた。その他の者は水の中で分からなかったが、トラック島に帰ってから、浮ドックに入渠し、水が引いたときに収容したものもあったと後日談である。

現地のエルベンダー島で火葬にした。このとき作業員であった国分昌夫砲術員が、遺体の数は七体であったと記憶しているので、半数近くが艦外に流されたのであろう。作業員に派遺されたのは、ほかに鈴木、荒川の両機関員。佐々木三治烹炊員長はこのとき、持ち帰った椰子の実を今でも持っている。火葬にされた遺骨は遺族のもとに還ったと思うが、この始末記はついに伝えられることはなかった。

航行不能となった「野分」は曳航されてトラック泊地に向け、十二月十三日に出港することになった。臨時乗組となっていた大発艇の艇長は、予定どおりこの地の第一根拠地隊司令部への転勤命令をうけ、大発艇を持って退艦、「野分」が曳航されて出港するのを海岸から見送った。

途中、何度も敵機の空襲にあい、そのつど曳艦が曳航索をほどいて対空戦闘に入る。そのため行動できない「野分」は、電源もなく小銃で対応するような苦労を嘗めて、五日かかってトラック泊地にたどり着いた。

ここで約二ヵ月の間、春島の第四工作部の沖にある「浮ドック」に入渠して、破損した外板の応急修理と、破壊をまぬかれたが浸水により使用できなくなっていた左舷タービン機系統の修復に入り、昭和十八年の正月をこの浮ドックで迎えた。

このトラック前進根拠地は、中部太平洋のかなめ（要）であり、「日本の真珠湾」「太平洋のジブラルタル」ともいわれた当時の南東太平洋方面（現在のパプア・ニューギニア、ソロモン諸島、ナウル、マーシャル諸島の各国）で作戦していた艦艇に対する後方支援基地であった。「野分」もここを経由して、ソロモンの戦場にこれまでにも、その後にも幾回となく行動した。

若松一範通信士（兵七十期）が東京高等商船学校出身の今泉敏郎少尉と交代、戦死した機関長の代わりに嵯峨均一(機関)中尉、機械長後任の佐藤力之助機関兵曹長がそれぞれ着任した。

ドックで渠中作業の指揮をしていた茂木明治砲術長が事故で負傷し、夏島の第四海軍病院に仮入院した。

退艦した若松中尉は、その後、駆逐艦「卯月」に乗艦し、レイテ島のオルモック湾への第九次多号輸送作戦で敵魚雷艇により撃沈されて戦死している。筆者も駆逐艦桐で一緒に参加した。

戦列を離れて

「野分」は、春島錨地に面していた工作部の「浮ドック」で、二ヵ月かけて左舷機だけが使用できる状態になり、翌十八年三月十六日に横須賀に向かった。

仮入院中の砲術長が、横須賀帰着後、治療に専念するため帰艦した。

『野分行動調書』の記録では、「船団ヲ嚮導シ」となっているが、どのような船団かと調べたところ、「白露」であることが判明した。この駆逐艦は「野分」が被害をこうむった同じ時期、東部ニューギニアのブナ輸送作戦で損傷し、応急修理を終了して、佐世保に向かうところであった。

航海途中、隊司令の有賀幸作大佐が杉浦嘉十大佐と交代したことを電報で知った。

「野分」の出港の少し前に、有賀隊司令は「嵐」に乗艦して、ガ島撤収で損傷した「舞風」と他の駆逐艦とともに「鳥海」と改造空母「冲鷹」を護衛し、トラックからちょうど横須賀に帰港したところである。この杉浦大佐は、後に巡洋艦「羽黒」艦長のとき戦死する。

全力発揮のできないこの船団（野分、白露）は、サイパン島近海を航行中に、はたせるかな荒天のため「白露」が修理した外板から浸水したので、サイパン港に寄港せざるを得なくなった。

「野分」は、この艦を現地に残し、単独で横須賀に向かい、八日かかって損傷の船体を母港に回航し得た。その航程は約千八百余カイリであり、片舷機だけでの航海はさぞ大変であったろう。「白露」も、その後、佐世保に回航している。

「野分」乗員は、初めて十五名の犠牲者を出し、艦は長期にわたる修理を要する状態ではあったが、幸い被害が前部機械室に局限され、しかも左舷機が破壊されなかったので帰港できた。この時期、横須賀海軍工廠は、修理艦艇が一杯のために東京深川の石川島造船所で本格的な修理に入り、八ヵ月の間、戦列から離れることになる。

この二隻は、五ヵ月後、修理が完了してふたたび協力して船団を護衛し、トラックに回航して戦列に復帰して活躍することになる。

だが、「白露」はマリアナ沖海戦の戦場に向かう途次、ミンダナオ島北東方、はるかの洋上で燃料補給中に油槽船清洋丸と衝突するという悲運に遇い、ついに沈没してしまう。

この両艦は、このように短い期間の協同作戦であったが、その別離はあっけない幕切れとなる。

損傷で修理期間が長期におよぶと、全定員をそのままにしておくほどの余裕はなく、必要な乗員以外は引き抜かれて他の艦、陸上部隊に配置替えされ、各学校の練習生に入校してマーク持ち（特技者）となる。「野分」でも例外ではなく、百名近くが交代した。

艤装以来のベテランの多くが転出し、初代の古閑艦長が第一揚陸隊司令に転出された。開戦当初から赫々たる戦果をあげ、長期にわたって乗員に親しまれていた艦長であった。

後任として一時期、荒木政臣中佐（五十六期）が臨時に着任したが、七月三日付で駆逐艦潮艦長神田武夫中佐（五十二期）と相互交代した。新艦長はその前には同期生の高松宮の皇族付武官であった。

筆者は残念ながら、この艦長には一ヵ月ほどしかお仕えしていないが、立派なカイゼル髭をたくわえ、熱心な写真愛好家であったらしく、トラック島泊地に在泊中の「大和」と「武蔵」の勇姿を残したことは有名である。

余談ながら茂木砲術長は、横須賀砲術学校付に発令されていたので横須賀帰港と同時に退艦したが、このときの負傷でその後の人生が大きく変換したのかもしれない。筆者たちの江田島での一号生徒（最上級生）であり、剣道の達人である。砲術学校教官に転任された後、日本海軍の伝統の砲戦術の指導的立場につかれて活躍することとなる。これが縁となって戦後も伝統のあった「海軍砲術会」の灯火を受けついでいた。しかし、高松宮様の薨去（こうきょ）とともに、関係者の老年化で後継者難のゆえをもって解散することとなり、その幕引きを演出された。

修理期間中に、航海長に駆逐艦「大潮」から上野将中尉（東高船、戦後、高等海難審判庁長官）、砲術長に巡洋艦「香取」から宇野一郎中尉（兵六十八期）、水雷長に「神風」水雷長から宮内正浩中尉（兵六十九期）、掌水雷長に大井正信兵曹長が着任した。大井兵曹長は、一年後の二月十七日、トラック島での敵戦艦の砲撃で重傷をうけて入院、退艦することになる。

退艦していった水雷長小山敏夫大尉は伊号五五潜水艦に配乗中に内南洋で、航海長別府秀夫大尉は第六十一号駆潜艇長として台湾海峡西方海面行動中に、それぞれ艦と運命をともにしている。

伊藤貞男軍医中尉（昭和医専出身）が鈴鹿航空隊から隊付軍医官として発令され、横須賀鎮守府へ赴いて行く先をたずねると、乗艦を「野分」と指定された。そして「野分」は目下、石川島造船所で入渠修理中で、ショートランド付近で空襲による至近弾のため大破口を生じ機械室全員が戦死した事実も知らされ、クレーンとリベットが唸る騒音の中に横たわる「野分」に着任した。

昭和17年12月、「野分」はガ島付近で攻撃をうけて大破した。写真は横須賀で修理をほぼ終えてドック内で浮揚した同艦。

そのとき、まだ退艦してなかった航海長の別府秀夫大尉と、機関長の嵯峨中尉の二名だけが士官室にいた。

「大柄な別府航海長と白髪のまじった嵯峨機関長の姿だけは、いまでもかすかに印象に残っている。申し継ぎをうけるはずの軍医長がいないので、若い衛生兵から必要書類を受け取るしか方法がなかった。狭い士官個室に案内されると、ふと、ここが俺の死に場所かなと考えた」と自著『軍医長日記』で回想する。

この日記は、これからしばしば使用させていただくことになる。

つぎの新着任者は「レイテ沖海戦」まで乗艦して活躍、いまサマール島沖に永眠する。

(1) ガ島戦で大破後、横須賀帰着直後に着任。

①砲術員＝柴市三郎(二回目)、岩崎孝義、佐藤武蔵

①か②?＝小友恒好、風間義男、鈴木政一、細川三郎

③航海科員＝(電信員)磯野利英、(操舵員)小文佳一

④機関員＝四谷晴男、宮崎孝一、中島忠治、(工作員)福島定吉

(2) 八月初旬までの間、石川島造船所・修理中の乗艦。

①砲術員＝斉藤幾久雄、川口了市、鹿山幸蔵、瀬下古利、明神博、山口豊旭、神保敬三郎、竹山要平、久保淳、市村淳、鈴木正、柴山虎次

②水雷員＝松本丑重、大竹広、佐古孝章、中井勇次郎、戸辺康雄、島田集、石井敏雄、今泉定江、(水測員)和田千信

①か②?＝浅見琴八、金川隆、木村茂、松永久人

③航海科員＝(信号員)小田嶋善吉、吉沢修一、佐藤力三、渡部六郎、(操舵長)横道多一郎、(電信員)内山春雄(長)、浅野一夫、(烹炊員)大日向幸雄、(隊看護)岩田達方

④機関員＝岡部敬重、高橋七郎、今井信雄、佐藤武満、平田照幸、川名由夫、相川今朝雄、江尻平内、黒岩秋之助、黒須徳市、浅田恭治、関博、石津治、池田寅男、寺沼福松、斉藤駒雄、角倉五郎吉、鈴木重広、鈴木博夫、（工作員）柳田政次

なお、遺族との連絡が取れず、厚生省での調査ができないものが多数ある。

この時期、退艦した下士官兵のうち分かっているのはつぎのとおりで、いずれも戦後の「野分」会員である。

砲術員　国分昌夫〈北方警備　軍艦大泊に〉

電信員長　中井定好〈横須賀通信隊に〉

電信員　柳沢平八

機関員　大土三郎〈館山砲術学校に〉、鈴木朝美と寺門美〈第二横須賀海兵団教員に〉、熊谷敏雄

そして、この時期新着任した乗員で、その後、幸運にも退艦して終戦を迎えた者はつぎのとおり。

機銃射手　三井保雄〈十八志水、前期の海兵団同年兵十一名がこのとき乗艦するがレイテで戦死〉

電信員長　斉藤辰夫

暗号員　和気敏男

艦内を一巡した軍医長は、長く延びた数十本の管の先でいたるところに酸素バーナーの火

花が散っているのを見て、修理の完了までにはまだ余程の日時がかかるらしいと直感し、航空隊での爆音に代わりリベットの騒音のなかで夜を迎えた。

五月二十一日、造船所側の招待だった大相撲を観戦中、連合艦隊司令長官山本五十六大将戦死の館内放送があり、観客の視線がいっせいに白い士官服を着た軍医長たちに向いたという。

沈没した「赤城」から着任した砲術員斉藤喜市上等水兵のことを、弟将英さんは、「この期間中が青春を犠牲にした、せめてもの楽しい時期であったようです」と追想する。同年兵の久保田上等水兵と七月に呉で「野分」に乗艦し、ガ島作戦に参加したが、無事で帰港できた。このことを薄々知っていた弟さんの記憶による艦内生活の状況はつぎのとおりである。

「野分乗艦後は、家郷に対する音信を随時していましたが、石川島造船所での長期の本格的修理期間中は半舷上陸やら、ねずみ上陸、日曜上陸など、結構上陸できたので、東京の叔母さん宅によっていました。生家は東京より四十キロ圏の埼玉県庄和町で、外泊はできませんでしたが、虎屋の羊かんなどを土産に帰郷しました」

斉藤上等水兵の実家には、修理完成により「南方海域に出撃する」との便りがある。

「兄は両親思いで早く家に帰りたいというので、海兵団入団中、砲術学校へ入学を勧められたが止め、水兵長までは順調に進級し、昭和十九年六月には二曹に進級できなかったが、十一月にはかならず進級するとのことで家族は楽しみにしていました」

その後は音信不通、南方海域の状況は日増しに不利な状況で、両親はじめ家族の心配は大変なものであった。その後、水兵長に進級。十一月には憧れの兵曹となれたであろう五日前の十月二十五日に散華してしまう。
四谷晴男機兵曹の母堂・きくさんは、
「宅の晴男は次男でございます。何年前になりましょうか、東京の深川へ舟をなおしに石川島造船所にこられましたとき、ある日、外出がございましたので、横浜に参り、そのときにキャラメルを二つもらったとかで、ズボンの下から出して妹にくれていきました。そのようなことがございました。それがおわかれでございました。晴男はおすもーさんがすきでございました。私はいろいろの思い出がございます」
と、ご高齢の身でありながら手紙をくれた。平成七年に九十歳で亡くなられた。
小学校の教員から現役徴兵として入団、「短現」と呼ばれた短期現役下士官出身者が「野分」にも乗艦し総員戦死する。
一年前に乗艦して、ガダルカナルの激戦を体験した昭和十七年四月入団の三名はつぎのとおり。
金子章　　・長野師範学校
高見沢元市・豊島師範学校
石野寛　　・函館師範学校
そして、この年の五月に入団した九名がこの造船所で乗艦してきた。
久保淳　　・青山師範学校
金川隆　　・豊島師範学校
木村茂　　・青山師範学校

市村淳　・茨城師範学校
佐藤力三　・福島師範学校
松永久人　・不明
鈴木正　・豊島師範学校
佐古孝章　・札幌師範学校
渡部六郎　・秋田師範学校

第三章　日本の真珠湾で

トラック島便り

中部太平洋海域は、今日的にはその中心地は米領のグアム島であり、日本人にとっては多分に観光的にしか映らない。第一次世界大戦後の一九二二年（大正七年）のベルサイユ会議で米国領のグアムを除き、正式に国際連盟の委任統治領として日本に信託された。カロリン、マーシャル、マリアナの諸群島よりなり、その南洋庁と南洋神社は、パラオ諸島のコロール島にあった。占領地のどこでも日本式の神社を設置したことは、現地の人のプライドを傷つけた占領政策最大の失敗で、この南洋神社もしかりであり、陸軍がつくらせた満州国の建国廟、朝鮮神宮などがあった。

トラック諸島は、第一次世界大戦の戦果として日本の委任統治領となった。大正三年十二月四日、南洋軍事占領地を軍政に移され、臨時南洋群島防備戦隊が設置される。

同七年六月二十八日、ベルサイユ講和条約調印、一次大戦終結。

同十一年四月一日、臨時南洋群島防備戦隊廃止される。

同十二年三月十一日、ヤップ島および赤道以北の太平洋委任統治諸島に関する日米条約署名。

同三月二十二日、南洋群島の統治を海軍から南洋庁に引き継ぐ。

同三月三十日、南洋群島委任統治区域および海上を南洋海軍区とし横須賀鎮守府の管轄とする。

昭和十二年十月三十日に南洋方面の地名呼称がつぎのとおり定められた。

内南洋　南洋海軍区に同じ
外南洋　仏領インドシナ、英領マレー、フィリピン、ボルネオ、蘭領インドシナ
大正七年から昭和の初期にかけて使用された『尋常小学校国語読本巻九』の第二に、「トラック島便り」として平和なよき時代、この島の紹介記がある。また、歌謡曲「南洋航路」はトラック島への航海のロマンを歌ったもので、新田八郎、昭和十五年のデビュー曲であった。

「内南洋諸島」と、その後、今次の大戦中に占領したこれ以南の「南東方面海域」を合わせた戦争海域としての軍事的、戦略的の拠点の中心地がトラック諸島であった。

環状の珊瑚礁に囲まれた世界でもっともすぐれた錨地の一つであり、アメリカ太平洋艦隊の基地である真珠湾（パール・ハーバー）にも匹敵する「日本の真珠湾」とも、「太平洋のジブラルタル」とも名前をつけられて呼ばれ、中部太平洋の海軍の一大前進根拠地であった。

戦後、このトラック諸島はミクロネシア連邦のメンバーとして独立した。米国からの援助だけが財源であり、英語を共通語としているが、古い人には日本語が通ずる。

昭和六十三年十一月、筆者は「野分会」（会員二十数名）の戦友数名とこの島の戦跡を訪問し、三日間滞在した。

島の産業は何もなく、日本の援助による漁業プラントを見学したが、夏島の旧海軍桟橋上に建設された家屋だけで、中身の機械設備もなく、遠洋漁船などは一隻も見なかった。

礁湖内には今次大戦で沈没した多くの日本の沈没船、船内に英霊の遺骨をいだいたまま永遠の眠りについている。その沈船が世界のダイバーのメッカとなっているほか、観光としての施設はバンガロー風のホテルのほかは何もない。

島の地理的な位置は、横須賀から南南東方向に三千四百キロメートルの距離にあり、北緯七度二十二分、東経百五十二度二十二分（概位）で、戦争当時は船団速力によって異なるが五日ないし七日の航海行動であった。

今日では成田からグアムまでコンチネンタル・ミクロネシア航空の「ボーイング七二七」機、グアムからはおんぼろの同社の客貨混載機をうまく乗り継いで行けば、その日のうちに到着できる。

春島（現在モエン島）が行政の中心で、ここにある国際空港のターミナルは筆者が行ったときには、まことにお粗末なほったて小屋であった。

春島には日本製のポンコツに近い車が走り、海上は舷外機付きのボートが島々の交通手段で、轟音をあげて爆走していた。変わらないのは島々、椰子の木、とくに懐かしい夏島（デュブロン島）のトロワン山（約三百五十メートル）、一日に幾回となく訪れるスコール等々である。美しい島々には、約三万人の島民が生活しているという。

秋島の山頂から眺めた展望が一番よいというが、残念ながら行かなかった。夏島、全島が飛行場であった竹島（エテン島）は兵（つわもの）どもの夢の跡、椰子の林で覆われ、島の人々は昔も今もさほど変わらない生活であり、素朴な家屋に住んでいることを改めて見聞してきた。

しかし、平和そのものであり、この世の中にこのような国がまだあることに驚いた。島の人々は文明のらち外であることを知らず、自分たちが平和を享受しているように見うけた。

独立国となった今日は、当時より幸福ではあるまいか。軍事施設は何もなく、その昔の連合艦隊の艨艟（もうどう）を収容した広大な夏島錨地跡は、米国籍の海洋調査船一隻が、夏島桟橋には横付け中のヤップ籍の小型漁船一隻だけが在泊しているのみであった。モエン島、あの当時、われわれは春島と呼んでいた。そこの水上機基地跡に建てられたホテルのベランダからわずか三日間であったが、毎日、あかずに連合艦隊艨艟の夢の跡、夏島艦隊錨地を眺めてビデオを撮った。

戦略基地建設

国際連盟から要塞化を制限されていたので、昭和八年（一九三三年）に連盟を脱退したのちも、しばらくは基地として使わなかった。

海軍の軍備拡充計画がはじまり、艦隊が充実されるにいたり、この地が艦隊基地として使用されはじめる。それまでは漁業基地として「南洋興発株式会社（南興）」が進出し、缶詰、鰹節、コプラなどの生産にあたっていただけであった。

この島は地政学的な特性により、太平洋の最大の海軍基地の一つであった。海底火山の上に珊瑚礁が周囲をとりまいた天然の礁湖であり、艦隊の全艦艇を収容できる錨地がある。東西約六十五キロ、南北約五十キロ、面積約二千百平方キロで、神奈川県の面積の九割弱に相当する。

この礁湖への入口は、北水道と南水道が主に使用された。当時の島の名前は、四季諸島の春島（モエン島）、夏島（デュブロン島）、秋島、冬島。七曜諸島の日曜島、月曜島……土曜島、竹島、楓島、子島、丑島など総数大小二百四十五もの島々がある。

第四艦隊が開戦のちょうど二年前、昭和十四年十一月十五日に連合艦隊の隷下で編成され、当初の任務はこの委任統治領海域（内南洋とも呼んだ）の防衛であった。受け持つ防備海域は、日本本土の三十倍の広さである。

開戦時の艦隊司令長官は昭和十六年八月に航空本部長から任命された海軍中将井上成美、巡洋艦「鹿島」がその旗艦であった。麾下の艦艇としては旗艦以外はいずれも旧式艦で、「天龍」「龍田」「夕張」。あとは敷設艦、老朽特務艦、駆逐艦、ロ号潜水艦、商船徴用の特務砲艦の寄せ集め艦隊である。のちの連合艦隊長官豊田副武大将も創設期（十二年十月から）の長官をしていた。

さらに、夏島に内南洋全般の防備を担当する第四海軍根拠地隊が設置されたのは昭和十五年十一月、その当時の司令官は井上中将と同期の茂泉真一少将であった。この諸島だけについての防衛のためには、第四十一警備隊、第四通信隊、第四海軍病院、第四海軍施設部、第四軍需部、第四港務部、第四工作部などがあった。

連合艦隊が開戦翌年の昭和十七年一月にニューブリテン島のラバウルに、三月にニューギニアに進出したので、この基地はこの戦争遂行海域の中枢的、戦略的な位置になった。またサイパン島とラバウルの中間でもあったから、この根拠地隊が海軍作戦の前進基地として重要な役割を担い、艦隊泊地として重要な機能を果たしていた。

この方面に行動する艦船、航空機は、このトラック基地の錨地、飛行場で補給、休養する。ここを通過する艦船の隻数、航空機の機数と人員の数ははかり知れない。しかし、ほとんどの艦船の入渠修理整備、乗員の配置替えのためには、遠い内地の軍港、横須賀、呉、佐世保などに帰らなければならなかった。

陸上飛行場は当初、春島と竹島に、水上機基地が春島と夏島にあった。その建設は戦争のはじまる二ヵ月前の昭和十六年十月から約一年間、横浜刑務所の職員三百六十名と受刑者千九百名よりなる図南報国隊があたった。

昭和十八年六月から艦隊乗員の手をかりて楓島に新しい飛行場も建設したが、その完成も近い昭和十九年二月十七、八日、米機動部隊による「トラック大空襲」があり、その後、報国隊も食糧難、病気などから終戦までに受刑者四百三十余名と職員三十名が死亡した。当時、この地にあった航空隊の老兵たちは、この囚人服を着た彼らを知っている。

現在、国際飛行場として使用しているのは彼らが建設した春島の第一飛行場を終戦後、在島の戦時捕虜となった者たちが占領米軍のブルドーザーの使用法の講習をうけ、B29が発着できるように拡充したものである。

このとき彼らはその建設能力のあまりにも違うのに驚嘆、戦争に負けるのは当然であるとの認識を新たにした。このような建設器材を日本人として、おそらく、初めて使用したのであった。

この第四艦隊の、とくに井上長官時代の作戦、ウエーキ島攻略、ポートモレスビー攻略、珊瑚海海戦についてと、同長官の「井上は戦争に弱い」との風説、この基地での勤務、私生活、横須賀の海軍料亭「小松」(我々はパインと呼んだ)の支店の開設などは伝記『井上成美』(阿川弘之著)に詳しい。

その井上長官が十七年十月中旬に海軍兵学校長に転出し、筆者などが卒業する数日前、十一月十日、江田島に着任した。その後任は同期の鮫島(旧姓岩倉)具重中将であった。そして、鮫島中将の後、翌昭和十八年四月一日、小林仁中将と交代する。

この風説は、当時、この方にこころよからぬ派の人々の流したものらしく、筆者は戦後の戦記、伝記、戦史、回想の行間にそうでなかったことを垣間見るのである。筆者たちがこの方の、兵学校校長として薫陶をうけたのは卒業前のわずか旬日間であった。しかし、その後の生徒教育は終戦を見越したものであり、その指導を、薫陶をうけた七十二期以降のクラス、とくに戦争に参加できずに在校生のまま終戦となった七十五期以降と、それにつづきわずか五ヵ月の在校であった七十七期と予科生徒であった七十八期の戦後の活躍は見るべきものがあった。なお、この校長の戦前の活躍は、戦後の伝記によるしかない。

第四根拠地隊(司令官・中将若林清作)の兵力、施設は戦局に応じ増強され、敵の来攻が予想されるにいたり、トラック島に陸軍一万五千人が増強の最中、昭和十九年二月十七、十八日の両日にわたり、スプルーアンスの空母大機動部隊の空襲をうけ、何ら反撃することもできずに基地は壊滅することになる。

空襲二日目の十八日に艦隊長官が原忠一中将に代わる。その後、航空機の攻撃圏内において空襲にさらされ、内地からの補給がとだえ、膨大な在島の軍人、軍属、島民にたいする食糧難が終戦までつづき、ずいぶんと苦労された。が、この長官の指揮により在島の日本軍は、敗戦により占領に来た米軍が感心するくらい、見事に引き渡し役をしたのち復員したことが米資料にもある。

終戦時の在島の軍人、軍属、ほかの非戦闘員の合計約三万数千名を指揮して、ときに訪れる潜水艦のほかは現地自給で、他の孤島と同様な苦しみにあった。

昭和十七年七月、潜水艦作戦のため第六艦隊司令部がこの地に進出する。長官は井上四艦隊長官と同期の小松輝久中将（元皇族）で、巡洋艦香取を母艦として豪州からハワイ間の海域で作戦を実施している。

夏島の春島錨地よりに設けられた第八十五潜水艦基地隊が、その後方支援にあたった。その後、長官は高木武雄中将となり、「香取」は海軍総隊の旗艦に指定され、特設潜水母艦平安丸がこれに代わる。

その「香取」は、筆者の乗艦と僚艦「舞風」が護衛して内地に帰る朝、敵機動部隊航空機の爆撃で航行不能になったところを戦艦・巡洋艦部隊の砲撃により、北水道の沖で撃沈されて生存者がなかった。平安丸も、基地隊沖で爆撃により最後を遂げていた。

基地での娯楽はほとんどない。

「野分」が上海からトラックに着いた昭和十七年八月五日の『軍医長日記』に、「陸上の南華寮にパラチフス発生、立ち入り禁止」との記述がある。このような艦隊乗員用の慰安施設は夏島にあった。慰安婦問題のそれである。筆者はあまり上陸したことがなかったので、横須賀の料亭小松の支店の名前だけを知っていたが利用したことはなかった。まして、この南華寮（昭和十五年の歌謡曲「南洋航路」に出てくる）、そのほかの料亭の千歳、南月寮などは戦後になって知った。

この地にあった軍人、軍属の多くにとっては馴染みのところで、娯楽の極端に少なかった現地であって見れば、立ち入り禁止は大変なことで、艦隊乗員の士気に関係することであった。

艦内では巡検終了後の飲酒が許されていたし、ときどき催される映画会は唯一の楽しみであった。映写機は各戦隊司令部にあり、司令部の電機員が映写技師である。フィルムは各戦隊間で交換使用し、新しいものは内地から補充された。

狭い露天甲板での映写はスクリーンを挟んで見物するので、裏側から見る者はすべて逆に写るが、そんなことは意に介せず、苦労もなにも忘れ、満天の星空の下、来襲するスコールを気にかけながら、微風のもと内地を偲ぶ短時間の楽しみであった。

一度だけ前線慰問団が来てくれた。当時有名な流行歌手佐藤千夜子、舞踊家花柳京輔さんたち一行が「大和」艦上の特設舞台で熱唱した。

生前の山本長官も、近くの艦船乗員もたくさん見物に来て、さしも広い「大和」の前甲板は大入り満員であった。

団員の乗船した輸送船が、トラックの北水道の外海域で潜水艦の攻撃で沈没したということで、軍楽隊が代わりをつとめ、舞台衣装も兵隊用防暑服をかりての興業となったことを記憶している。

山本長官の言葉

開戦以前から、連合艦隊司令長官山本五十六大将は旗艦「長門」に座乗、瀬戸内海西部、柱島艦隊泊地の旗艦専用ブイに係留（ここには東京との直通電話がある）し、東京と連絡をとりながら開戦劈頭（へきとう）の作戦を指揮していたが、昭和十七年二月十七日に新造の「大和」に旗艦を変更した。

同年五月のミッドウェー作戦に際しては、「大和」は重い腰を上げ、作戦部隊支援のためミッドウェー島の北西約八百マイルまで出動した。南雲機動部隊は、スプルーアンスの指揮する米機動部隊（空母三隻、彼の指揮下は二隻）と互角の戦闘をしたものの、悲運にも空母四隻全部を失って敗退した。

その後、「大和」は岩国に近い柱島泊地にあったが、八月七日、米軍のガ島上陸によりトラック根拠地に進出して艦隊正面のソロモン、マーシャル方面での作戦に対処する。

この第二、三段作戦以後の戦闘の推進は、敵の本格的な反撃に対してはつねに場当たり的なものとなり、多くの艦艇と練達の人員を失うことになり、その転落が加速された。ハルゼーの進出により戦局が逆転し、ついにガ島を放棄することになった。「大和」型戦艦二番艦の「武蔵」が昭和十八年一月二十二日、このトラックに進出した直後の二月一日からである。

戦争勃発後一年、ソロモンでは死闘がつづいていた。「武蔵」は四年余の歳月をかけ昭和十七年八月五日に竣工、七日、連合艦隊第一艦隊第一戦隊に編入された後、瀬戸内海西部、艦隊泊地柱島を基地として自艦の慣熟訓練を行ない、山本連合艦隊の旗艦となるための準備を急いでいた。そして、十一月十四日に卒業した兵学校第七十一期、機関学校第五十二期、経理学校第三十二期の各科少尉候補生の実習にあたることになった。

これら兵学校（江田島）、機関学校（舞鶴）と経理学校（東京築地）の各科生徒は、戦前、第四次軍備拡張の増員計画の第一陣とし、海軍の申し子として期待されて入校したが、三年半の予定が半年短縮されて卒業し、戦列に加わるべく門出した。兵学校第七十一期は五百八十一名（二クラス前までは三百名）が海軍少尉候補生になった。

これら三校はいわば姉妹校であり、その各クラスはお互いをコレス（コレスポンデント、相当期）と呼び合い、終生変わらない「貴様と俺」の仲間としての付き合いが始まる。練習艦隊は第一艦隊長官、中将清水光美の指揮する戦艦六隻よりなる臨時編成で、「長門」（旗艦）「伊勢」「日向」「扶桑」「山城」のほかに、慣熟訓練中の「武蔵」が加わった堂々たる艦隊であり、筆者の乗艦は空母戦艦に改造する直前の「伊勢」であった。

この速成教育は、ソロモンで死闘がつづいていることをみな概略承知しているので、わずか二ヵ月のものであったが、教育する側も、受ける側も真剣である。昭和十八年の正月をこの泊地の海上で迎えて、十二日に二ヵ月間の実習が終了した。

東京での行事に参加するために特別列車で上京し、十五日に昭和天皇に拝謁、宮中三殿に参拝した。つづいて、時の嶋田繁太郎海軍大臣の訓示をうけ、芝の水交社での永野修身軍令部総長主催の壮行会に臨んだ。

まさしく若武者の出陣式であった。各科の若武者たちは、この地、東京から作戦全海域にある艦艇、第一線の航空隊と陸上部隊、霞ヶ浦練習航空隊に向かったが、これが家族との最後となった者も多かった。戦陣二年九ヵ月で、兵科だけでも三百三十一名が戦没する。これは卒業生の六十パーセント弱となる。

「武蔵」は、候補生の実習と自艦の慣熟訓練が終わったところでトラック泊地に進出する。初陣である。連合艦隊旗艦の大和乗組に発令された筆者は呉に引き返して「武蔵」に便乗したが、その員数は候補生だけでも百名以上、ほかに赴任旅行中の士官、下士官兵があった。

豊後水道を出撃したとき、西のかた九州の山並みにかかっていた有明の残月が見送ってくれた。各候補生にとっても初陣であったが、死地に赴くとの感慨は少しもなかった。三年間の江田島生活のなせるわざであろうが、乗艦した艦があまりにも巨大だったからであった。

豊後水道を後にしたこの艦と同航したのは、空母の「瑞鶴」「瑞鳳」、巡洋艦の「神通」、護衛は第十駆逐隊の「秋雲」「風雲」「夕雲」「巻雲」のほかに「村雨」が加わる。これらの各艦にも、ソロモンの艦艇と航空基地に着任する予定の候補生が便乗している。

「武蔵」では、お客様扱いは許されなかった。実習のつづきであり、甲板士官が指導官となり、数個班に分かれて分隊に配属され、航海実習が課された。朝、昼、晩の天測、朝昼の体操の指導、甲板士官のあとについてきわめて広い艦内の見回りなどであり、迷子になる者も出る。「大和」乗組となる筆者にはよい勉強となった。

便乗中のこの艦に、小学校の同級生伊藤久男君が水兵として乗っていることが分かり、何年ぶりかの邂逅(かいこう)であった。彼は砲術学校練習生の成績が抜群によいことを彼の分隊士から聞いていたが、レイテ沖海戦の前日、シブヤン海での空襲で「武蔵」が沈没し、その生涯を終える。

回航部隊の航海は敵潜水艦の活動がまだそれほど活発でなかったころのことで、順調そのもの、一月二十二日、トラック礁湖内に安着した。初めてお目にかかった北水道の両側の白い渚の珊瑚礁の島、外海側の渚に打ち寄せる浪は荒々しく巨大で、水道を通峡して内海に入ると鏡のごとく平穏だった。

外も内も白い砂浜と渚は共にエメラルドグリーン色、これに映える椰子の木、南海の天然の礁湖、強烈な太陽の照りつけ、春島、夏島の山が案外高いことなどが印象的であった。

「武蔵」は北水道を通峡し、小一時間航行して、泊地に設定されている戦艦用ブイに係留する。舷悌付近に各艦の内火艇が集まってきて、「武蔵」の副直将校が最初に達着させたのは「大和」の内火艇であった。「大和」は在泊の艦艇中の最先任艦であったからである。

チャージ（艇指揮）から、「大和の候補生」との呼びかけで乗艇し、檣頭に大将旗が翻る巨大戦艦大和に着任した。

筆者は、この世界一の「大和」でその年の十二月初旬まで勤務、そしてつぎの乗艦「野分」と「桐」の両艦でつねに海上にあり、二年九ヵ月の戦陣の間で生死のさかいを東奔西走した。幸運にも一度も泳ぐことがなく、青春を祖国の危機に馳せ参じたものの、つねに負け戦を強いられることになる。

ソロモン海域に行動中の艦艇、航空隊に着任する各科候補生は、休む暇なくこの基地を後にした。赤道を越えてさらに南のラバウルまでは八百カイリ、この地では卒業一ヵ月前に江田島を去った草鹿任一校長が南東方面艦隊司令長官として、遠路来着した教え子たちを迎えて昼食を御馳走してくれたという。激戦地であったガ島などは、さらに南に六百カイリの行程である。

その直後の三月三日、桃の節句の当日、花のつぼみの候補生で戦死した浅田実少尉は、東部ニューギニア・フィンシュハーフェン沖、第八駆逐隊付の「村雨」に配乗していた。卒業後、わずか三ヵ月、第五十一師団の輸送作戦での「ビスマーク海戦ダンピールの悲劇」の犠牲であり、クラスでの最初の戦死であった。

トラック泊地の「武蔵」「大和」(後方)の勇姿。「大和」乗組を発令された筆者は呉から「武蔵」に便乗してトラック島に向かった。

この基地での両戦艦は同泊地を圧し、その勇姿を、当時、「潮」艦長であった神田武夫氏(高松宮の御付武官であった。のち「野分」艦長となり、筆者も約一ヵ月間だけであったがお仕えした)が撮影した写真がたくさん残っている。艦隊乗員のすべては、米艦隊何するものぞとの意気ごみを感じていたのは事実である。

筆者の手もとに残っている「大和大学校」と呼ばれた「大和新任各科少尉候補生実習計画」によると、乗艦した二日後、基地の陸上基地施設の見学をしている。

春島への初めての上陸もあった。工作部の沖合いに係留中の工作艦明石、「浮ドック」には入渠中の大破した駆逐艦が修理中であった。この艦が「野分」であったことは戦後、『駆逐艦野分行動調書』から知ることになる。この駆逐艦と筆者の初めての記念すべき出合いであった。

二月一日、激闘がつづいていたソロモンの最前線ではガ島撤退作戦が、連合艦隊の駆逐艦の総力をあげて敢行され、世紀の大撤退作戦は成功裡に多くの人員を撤収した。

「野分」は、この日、浮ドックを出渠した。左舷機による片舷機航行が可能となったので、十六日、出港して横須賀に帰還していくのだが、戦艦の乗員から見ると駆逐艦など小艦艇は、このときには関心をよばなかった。その良さ、働きがい、家族的関係は乗ってみないと分からない。

着任した筆者ら兵科、機関科と主計科の各候補生は、つねに真っ白い制服着用の司令長官山本五十六大将を間近に見て、二期目の候補生教育の受講に追いまくられていた。そのさ中の二月十一日（昔の紀元節当日）、旗艦の変更があった。

士官室で松田艦長主催のお別れ会があり、新任の筆者たち候補生二十一名は、とくに司令長官のまわりに呼ばれた。日露戦争のときに長官は候補生であり、そのとき左の指に負傷されたことを話された。真っ白の手袋をはめておられたが、その跡はすぐ分かる。

「私も日本海海戦のときは日進乗組で、諸君と同じ候補生であった。みんなはよくやっている。……戦局はきわめて重大であるから、若い君たちに頑張ってもらいたい」

とのお言葉をいただいた。文字どおり直接、長官の謦咳に接した候補生は、われわれだけであったろう。その感激は終生忘れられない筆者の心の宝である。わずかな期間ではあったが……。

戦艦「大和」乗艦の候補生たち——前列左から２人目が久邇宮徳彦王殿下、３人目が松田千秋戦艦「大和」艦長、２列目の左から２人目が筆者。昭和18年５月初旬に呉の水交社で撮影。このとき、「大和」は呉で入渠中だった。

この温容ある長官がソロモンに進出して機上戦死されるのは、それから間もない四月十八日、二ヵ月後のことである。

第一線に出て死に場所をさがしていたのだということも聞く。筆者の知っている元帥は、ことの評価を別として、名将、智将、闘将、勇将、海将の元帥ではなく、情愛深さ、人間味のある山本五十六その人であった。

筆者は、皮肉をこめて「大和ホテル」との陰口、悪口で呼ばれていた艦の乗組であり、苦労していた駆逐艦乗りに比較すれば居住性は良好、食事が抜群のホテル艦の住人で、広い艦内を隅々まで駆け巡る甲板士官としての職にあったので、最前線での小艦艇の作戦、戦闘における死闘の真実を体験することはなかった。

この艦を見学しにきた「浦波」乗組の竹内芳夫中尉は、ダクトに取りつけられた球形の噴出孔から出てくる冷たい空気を吸ったときの感動は忘れられないという。

「あんな贅沢なところにいてイクサができるのか。民間のホテルにさえ扇風機しかなかった時代であったのに……」と回想している。

筆者は前方基地としてのトラック泊地に腰を落ち着けた「大和」運用士兼上甲板士官であった。「大和」と基地のシンボル夏島のタロフン山は、敵の出方で右往左往のすえに出撃させられる艦艇を送り、大損害をこうむって傷つき帰還してくる艦を迎え、還らなかった艦艇の追悼をする。

戦艦はすでに出番はなく、艦隊乗員にたいするフリートインビーイング（存在感の誇示）と後方支援（ロジステックサポート）、通信施設としての役目に限られるようになっていた。

これらの哀歓を、断片的に、作戦、戦闘の発生日時を度外視して、「大和」での出来事を中心としてこのようなことが起こったという程度の認識でまとめてみる。基地での艦隊勤務、酷暑海域での乗員の戦陣生活の一端となろう。

南東方面、ソロモンでの諸作戦に参加していた艦艇は、この泊地に帰ってくるのは被害をうけたときか整備のためであり、それも防潜網（この設置、撤去作業は港務部の仕事である）に取り囲まれていた「大和」などから、燃料、糧食、水、弾薬などの補給をうけ、風呂に入れてもらい、故郷からの手紙を受け取り、乗員の交代もあり、映画の上映などがあって、短い上陸の後、また、すぐソロモンに帰って行く。

筆者は、艦上でこれを見まもるだけであった。

その間、五月末に母港呉に入渠整備のため帰還した。帰島後に礁外に出たのは、スプルーアンスのマーシャル、ギルバート来攻に対し、エニウェトク環礁（ブラウン島）に進出しただけである。

訓練のために、礁内で対空用の三式弾の一斉射撃を行なった。このとき、高松宮が来島、視察されたと記憶している。この一斉射撃をするときには爆風が強いので露天甲板の兵隊をすべて艦内に入れるのが甲板士官の仕事であり、射撃後は断線した艦内照明の電灯の取り替えが電機員の大仕事であった。

士官室士官、特務士官などは、後部甲板から糸を垂れるのどかな姿がつづく昼休みもあった。

右述のとおり「大和」は昭和十八年五月初旬、入渠整備のため呉に帰った。添付の写真は、乗組候補生であった久邇宮徳彦王殿下（前列、現梨本徳彦氏）が「榛名」に転勤されるのを記念し、松田艦長（前列）、各科長、指導官をかこみ呉水交社での撮影。殿下のお付武官野口豊中佐は兵学校教官から来られた（二列目の右端、「金剛」で戦死）。筆者は二列目の左から二人目（丸坊主刈り）である。

六月一日、第七十一期はこの地で海軍少尉に任官した。着慣れた候補生の短いジャケットの制服から一人前の長い制服に変わり、さっそくその勇姿を写真に撮り、母に送った。

立ち入り禁止であった料亭にも先輩につれて行かれた、という表現がふさわしく、人生初めての経験であるから興味津々のことであった。これを海軍の隠語でSプレーといった。

呉では若い士官がいけるのは徳田（ラウンドと呼んだ）と岩越（ロック）、士官室士官には華山（フラワー）がある。吉川（グッド）というのは艦長、司令官以上しか入れなかったので、どこにあったのかの記憶もない。第一線の外征部隊の多くの兵隊には、このような機会はあたえられず、ふたたび故国の土を踏むことができなかった。それでも耐えなければならなかった時代であった。

艦隊錨地

八月下旬、トラック基地に帰ってきた大和大学校、その校長はまだ松田千秋少将。指導官は兵学校の教官から来られていた新田善三郎大尉（後列左側、長髪の方）であった。艦長は軍令部の参謀、海軍大学校の教官を歴任した海軍有数の砲術の大家で戦略家であったが、きわめて峻厳で妥協を許さないと見うけられた。候補生教育にはとくに熱心であり、われわれ候補生は着任早々の艦長の第一期生で、毎日、徹底的にしぼられた。とくに印象に残っているのは、広い露天甲板上に張った大天幕の下で行なわれる「兵棋演習」（今でいうシミュレーションのはしり）での駒の移動係を命じられたことである。

この艦長も平成七年十一月初め、九十九歳の長寿でなくなられた。小沢囮（おとり）艦隊の第四航空戦隊司令官であり、最後の横須賀航空隊の司令であったが、新聞の訃報記事には、やはり「戦艦大和艦長」となっており、戦後ご存命だった海軍最後の将官だったと聞く。

つぎの艦長は大野竹二大佐（在職中少将に昇進）。軍令部に永くおられ、「木曾」「鈴谷」各艦長を経て九月上旬に着任された。このように「大和」「武蔵」などの戦艦の艦長のポストは軍令部、海軍省の出先機関であったようである。

この時代の「大和」士官室士官はみな、懐かしい方々である。松田艦長とは性格的に正反対な副長の佐藤述中佐は、気さく、陽気、親切な方で、筆者は親甲板士官大野卯平中尉（兵六十九期）のもと運用士兼副長付上甲板士官で、副長と同姓だったから大変可愛がっていただいた。『艦隊運動程式』の権威であったことは知らなかった。

松田源吾砲術長、野田知行副砲長（兵科候補生の主任指導官、写真・椅子席前列右端）、門倉桃太郎軍医長（前出）、松本機関長（機関科候補生の主任指導官、同左端）、国司主計長（主計科候補生の主任指導官、二列目左端）。

巨漢ながらきわめて心暖かく海軍随一の運用術の大家、運用長の泉福次郎中佐（大佐に進級、空母「葛城」で戦死、呉）が、巨大な錨と錨鎖のある錨甲板で、帽子の顎紐を掛け口から泡を飛ばしながら、大きな戦艦用浮標（ブイ）に巨艦を係留していた姿は忘れられない。私の直属の上司であり、筆者も一度だけやらせてもらった。もちろん、ほんの少しである。

航海長は津田弘明中佐で、航海中に世界最大の戦艦を操艦させてもらった。これまた一度だけであった。

「面舵（おもーかじ）」と号令をかけるが、船体が巨大な盥（たらい）のようであるから、なかなか艦首が回らない。回りはじめると大変である。所定の針路に戻すのが遅れて慌てふためく。

「戻せー、取舵にあてー、急げ」

もう間に合わない。後は当直将校が処置してくれた。

高射指揮官の内田一臣少佐は、戦後、海上幕僚長となる。義足ながら現役であった通信長の松井宗明少佐。そして、当時としては世界一の主砲九門のアナログ式計算機、日本光学社製射撃盤を担当する発令所長で、新任候補生の指導官新田大尉は、戦後、第一ホテル熱海支店のマネージャーとなった。無反りに近い日本刀を軍刀としていた四十六センチ主砲の先任分隊長の長船主基穂少佐、機関科分隊長の室谷文治中尉、いずれも各学校でのトップクラスである。

主砲の幹部（特務士官）の村田少尉と家田少尉、掌航海長の花田少尉、みんな超ベテランが配されていたが、沖縄水上特攻で戦死される。

そうこうしていたある日、「大和」に燃料を移載するために横付けした重油満載の艦隊随伴油槽船があった。その船にはソロモンに進出する陸戦隊員、筆者の一つ年上の従兄（伊藤寿々武）が便乗しており、ソロモンに行くのだと言って別れた。武運長久を祈ると言ったものの、その生死は保証できないことを承知していたが、幸運にも復員できた。

現在、トラック政府の行政施設があるのは春島（モエン島）であり、旧司令部のあった夏島はまったくのジャングルである。当時、これらの島々の住民はどのくらいいたのか、どのような生活をしていたかについてはまったく関心がなかった。これらの主要の島を除き、日曜島、月曜島などには、筆者が訪れた頃にはまだ当時のトラック島の名残りがあった。巡洋艦「熊野」乗組の同期生梅本五十文君が、その月曜島に行ったときの状況を小学生のような気持ちになってつぎのような記録を残している。

春、夏、秋、冬島はすでに南洋の姿を失った。

昨日は椰子が一本切倒された。今日は機銃か高角砲が備えつけられた。
飛行機は今日も飛んでゐた。
マンゴ、椰子、パン、バナナ、パパイヤ、それらが灼熱の太陽に曝け出されてゐた。
道は続く。椰子はしのびよる様に道を覆ふ。
島民の艶しき女に会ふ。巧みな日本語に驚嘆する。
それらは小さい「バラック」に汚く住んでゐた。
道は続く、進む彼方に門を見つけた。公学校はこの中に小さく立ってゐた。
先生が一人、生徒が三十人位、みんな日本語がうまかった。
言葉は我に同じである。
女の着物は簡単服である。日本の力はここまで強く、みんな平和な日を送ってゐる。

筆者も対空監視隊の隊長として日曜島にわたったが、男たちはわずかな畑でタロ芋をつくり、女たちが一日じゅう輪になって椰子の木陰で何やら終日おしゃべりをしていたことを半世紀後にも想いだす。現在、ここには三万四千人余の島民が分散、生活しているという。

この艦隊錨地には委任統治となって以来、終戦まで日本海軍の歩みが投影されていた。ここにどんな海軍、陸軍、そして民間の人々が憩ったか。彼らの哀歓がどんなであったか。そのすべてを知る夏島のタロフン山は、何事もなかったように、筆者が戦後、この地を訪れたとき、日本の艨艟どもの錨地跡の静けさを見つめていた。

艦隊には、給油艦などのほかに随伴の糧食艦があった。「間宮」とか「伊良湖」である。

艦隊乗員待望のこの「伊良湖」をまもなく「野分」は護衛することになる。

この両艦はともに糧食補給艦、正規の軍艦であり、艦隊乗員の好物の「間宮(伊良湖)羊羹」、アイスクリームなどを満載している。一般の艦で製造できるのはラムネくらいのものであったので、糧食艦がトラック島に来島するのはみんなわかっており、首を長くして待っている。

艦が環礁に近づくと、これを一番早く発見した艦、おおむね艦橋の一番高い戦艦であるが、発光信号で礁内の全艦艇に知らせる。信号を待っていた各艦は競って内火艇、ランチを準備して入港投錨予定地に待機させたことであった。

筆者も「大和」の艇指揮として一番乗りを競い、投錨するやいなや、われ先にと横付けして内地からの生鮮食料品、補給品、郵便などを受け取る。その夜の食卓は久しぶりに賑わい、艦隊の士気は盛り上がるのであった。もちろん転勤者も遠路やってきた。

「間宮」は大正十三年の建造であり、一万五千八百二十トン、十四ノット。純商船式の船体で、百九十五名の乗員の中には、腕利きのコックや菓子・パン職人などがいた。艦内には牛舎まであったという。

就役後、整備、修理以外は一度も予備艦となったことがなく、常時使用され、まさに連合艦隊の台所をあずかる観があった。昭和十六年に「伊良湖」が完成するまでは、ある意味で日本艦隊のもっとも著名で、もっとも将兵に感謝された艦であった。

「伊良湖」は、太平洋戦争開始の三日前に竣工した。九千五百七十トン、十七・五ノット、糧食艦としての設備は「間宮」よりすぐれていた。

当時、国策上、直接戦闘にたずさわらない艦艇は石炭焚きにする方針であったので、同艦もこれに該当した。しかし、艦の性質上、清潔をとうび、食品製造をするため石炭のかすが降ってこないように煙突は極端に高くされた。

「間宮」は南シナ海の東沙島南西方で米潜水艦シーライオンの雷撃により沈没、「伊良湖」はフィリピンのコロン湾在泊中、米機動部隊の空襲をうけて沈没着底し、それぞれ最期を遂げている。

第四章　連合艦隊の落日

悲報とどく

昭和十八年四月十八日、山本五十六長官がソロモンで機上戦死し、五月二十一日になって古賀峯一大将が連合艦隊司令長官に就任した。

「野分」は復旧修理のため、開戦一年目の昭和十七年十二月七日から実に八ヵ月あまり戦列を離れていた。その間、戦局は加速度的に暗転しており、艤装当時からのベテラン乗員の多くが艦を去り、神田武夫新艦長をはじめとして半数に近い新しい乗員を迎えた新陣容をもって戦列に参加することになり、昭和十八年七月二十日に修理が完成したところで連合艦隊に復帰した。

長期の修理とベテラン乗員の大幅な移動により艦としての練度は低下していたが、その回復はトラック島進出中に行なわなければならない状態だった。

新造されたばかりの艦は乗員のチームワークができず、艦の練度も整わないうちに前線に投入されて、何ら為すところなく最期を遂げた例が多かった。

全力公試中の駆逐艦「野分」。昭和16年4月28日、「陽炎」型の1艦として、舞鶴工廠にて竣工し、第4駆逐隊に編入された。竣工後7ヵ月で開戦をむかえる。基準排水量2000トン、全長118.5メートル、速力35ノット、12.7サンチ砲連装3基、61サンチ4連装発射管2基を装備、乗員数約240名。

復活後の「野分」の初任務は、旗艦「武蔵」のトラック進出の護衛であった。「武蔵」は、ソロモンの最前線を視察中に機上戦死された故山本五十六元帥の遺骨をトラックから木更津沖まで送り届けて、母港呉で入渠、整備にあたっていた。随伴するのは巡洋艦の「妙高」と「羽黒」。先にトラックから帰還時にサイパン島まで同航した「白露」である。「初風」が途中まで警戒艦として加わる予定だった。

瀬戸内海西部の柱島艦隊泊地に回航し、七月三十一日早朝、仮泊地を抜錨した。豊後水道を出撃したときに浮流機雷一個を処分している。これは豊後水道に敷設した味方の機雷堰(せき)から流れたものだった。

途中で横須賀からの飛行機運搬空母「雲鷹」(八幡丸改造)と護衛の巡洋艦「長良」および「曙」とが合同し、「初風」が呉に帰る。「野分」乗艦指定の伊藤隊付軍医の初の航海記録を見てみよう。

八月三日　晴

内地を離れてから四日もたってしまった。八月三日といえば、東京も暑い盛りであろう。海は今日も行く手にエメラルドグリーンの敷布を拡げている。艦は南洋の海独特の大きなうねりに身を委ね、軽いローリングとピッチングを交え、二十二ノットの速力で今、サイパン島の西部を過ぎ、一路トラック島へ向け南下中である。

左舷遠く並んで進むのは「武蔵」「雲鷹」「長良」「妙高」「羽黒」「白露」「曙」などの各艨艟である。渺々（びょうびょう）として果てしない大海原。

「条理もなく先蹤（せんしょう）もなく標柱もない豊富でしかも捉え所のない、何処を出発点とも何処を結末とも言い難い」と、島崎藤村が謳っている太平洋の真ん中に、生まれて初めて乗り出している。恥ずかしいことだが、艦内の単純な日々に飽きたためか早くも陸地が恋しい。午前、午後各一回、スコールに会う。午後二時、いるかの群れに会う以外なにも見えない。

終日、艦内の汚れた空気とローリングのためか、後頭部の圧重感強し。波は静かとはいえ、日記をつけている机が絶えず上下し、艦底を叩く音が規則正しく響いてくる。夜食に蜜豆がでる。おいしいのでお代わりを頼むとないとのことで落胆。機械室の最高温度五十度との知らせに、熱射病に対する憂慮深し。

八月四日　晴

スコールは一回もなし。今日もまた青い水平線上を進む。肌の色が昨日、今日でめっきり黒くなってきた。腕も脚も防暑服でかくされている白い肌と、くっきり区別がつくようになった。このように毎日強い日ざしを受けて一年もすごしたら、皮膚の弱いものは焼け爛（ただ）れてしまうだろう。それに耐えて内地へかえったら、母はどんなにびっくりすることだろう。出撃前しきりに顔色を気にしていた母だから。しかし、今の状態ではいつでも、「もし、無事に帰れたら」という前提がつくことを忘れるわけにはゆかない。

明日はいよいよトラック島へ入港だ。私たちを慰める何もないというその島でさえ早く見たい。陸地を歩きたいという欲望にかられる。古い強兵たちにとっては何回も来たであろう無聊（ぶりょう）な島の土の匂いに夢を馳せる。艦はほんのわずかなローリングを感じさせて、潜水艦を無視するかのように走っている。

五日目にトラック島に到着した。その直後、第一小隊（萩風、嵐）に関する悲報電報が届いた。この年（十八年）の二月二十日に二代目隊司令有賀幸作大佐と交代した杉浦嘉十大佐が「萩風」に乗艦し、最前線のソロモン方面で行動していた。

そのさなか、コロンバンガラ島への陸兵輸送の護衛に任じていた「ベラ湾夜戦」において、八月六日に両艦とも轟沈に近くその最期を遂げた、という内容であった。

電報には隊司令と両艦の乗員の生死状況は一切不明であり、隊員一同の心配も大変なもので、それぞれが自分の戦友の安否、消息を案じた。司令の代理をされたのは「野分」艦長神田武夫中佐か同期の「舞風」艦長萩尾力中佐か、どちらが先任かの資料は調べていない。

トラックに進出したばかりの「野分」にあたえられた整備、休養は六日間。内地から同行した「雲鷹」が飛行機の陸揚げを終了して内地に帰るので、「鳥海」「白露」といっしょに護衛する。まったくのとんぼ返りで横須賀に帰った。

母港での入渠整備もそこそこに、ふたたび「雲鷹」と「伊良湖」を護衛して、九月二日、トラック基地に帰ってきた。「帰ってきた」と表現するように、この基地は艦隊乗員たちの心の故郷みたいになっていた。

その二日後、「ベラ湾夜戦」で轟沈して行方不明だった杉浦司令たちが奇しくも生還、ベラベラ島を経由して、バナナ、パパイアで飢えをしのいで、トラック島に帰着した。

「萩風」に乗艦していた杉浦隊司令、馬越艦長など約七十数名が生還、「嵐」では宮田敬助水雷長ほかの乗員は近くの島に泳ぎつき生還したが、杉岡艦長以下百九十余が戦死した。この隊で初陣を飾っていた筆者の同期生三名中の一人の園田義喜少尉、乗艦中の陸軍八百二十名も海没したことが判明した。帰還した司令は「野分」に隊司令旗を揚げた。

この時期になると、各駆逐隊とも所属艦の損耗がはなはだしく、沈没で残り少なくなった駆逐隊は改編された。第四駆逐隊においても、新編以来のこの僚艦二隻を失ったので、第九駆逐隊の生き残りの「山雲」が編入になった。そして、文字どおり東奔西走の連続で休養する暇もなく、それぞれが各方面への護衛作戦に従事する。

乗員の交代は、母港に帰った時期に行なわれていた。しかし、行動が長期におよぶと、転勤者は便船を利用して赴任する。発令時の乗艦の所在を探すことは、もちろん所在の人事課（補充部）が行なってくれる。その所在が分かっても行動中であるかどうか、その行く先、便乗する輸送機関の有無などが問題である。とにかく大変なことで、その人の生死を決することがしばしばであった。

赴任旅行中は自分の固有配置はない。配置を持たず戦闘に巻き込まれ、あるいは乗っている艦船が沈没する。そのような状態で最期を遂げた例は枚挙にいとまがない。無念のきわみといえよう。下士官兵の場合は身分の確認が困難であるので、なおさらである。「何々方面で戦死」と『戦死者原簿』に記録されているが、定かでない場合がある。このことをだれもが恐れたのであった。筆者が乗員の乗退艦にこだわるのはそのためである。

「野分」の行動が激しかったので、中村音吉掌機長の交代者・石崎政治機関兵曹長は、どのような赴任旅行であり、どこで着任したのであろうか。また、この時期に海兵団から配乗になったつぎの下士官兵たちは、この間に、「野分」がトラックから横須賀に帰って来ているので、海兵団の補充部で待機していたのであろう。

①砲術員＝佐々木茂雄、小暮信男

②水雷員＝蜂谷徳治、田浦清

①か②か？＝林正則、鷲見禮一、中沢直正、粟野代助、今井十三次、松村喜一、川嶋武、小俣安義、児玉政輝、中島栄一、新沼惣一、山本菊松

③航海科員＝（信号員）中畦隆造、（電信員）木村尚之、（烹炊員）佐藤文男

④機関員＝生田一郎、（土木員）田島友勝

つぎは厚生省保管の個人の「携帯履歴の原簿」には、空母などに便乗し横須賀を出港したとある。行き先は何も記録されていないが、もちろんトラック島である。

①砲術員＝小松一善〈便船・万寿丸で〉
②水雷員＝乙部冨夫〈空母「瑞鳳」で〉
③航海科員＝（信号長）菊地近雄〈空母「瑞鶴」で〉
（電信員）海上弘毅〈輸送空母「冲鷹」で〉
（応急長）大森捨蔵〈輸送空母「雲鷹」で〉
（経理員）梶野弘二〈空母「翔鶴」で〉
④機関員＝北村学〈第二長安丸で〉
笹本福蔵、高橋敏隆〈以上二名、輸送空母「雲鷹」で〉

この時期、ギルバート方面にスプルーアンス指揮する敵部隊の来攻があり、わが国防圏の最先端である中部太平洋の海域にたいする敵の攻勢が開始された。敵来攻を牽制するため連合艦隊司令部は、第三艦隊、第一航空戦隊、第十戦隊（「野分」の所属する）からなる機動部隊を派遣した。「野分」は、「瑞鳳」の護衛にあたり九月二十一日、ブラウンに入泊したところで、折り返し「翔鶴」を直衛してトラックに引き返した。

筆者乗艦の「大和」の出番は、その後の十月十七日になってであり、ようやく重い重い腰を上げてこの地に進出していくことになる。したがって、この行動が筆者の本当の初陣であった。

上海付近に展開していた第十七師団をラバウルに増援するため、直接輸送する作戦が十月に発動された。その船団の第三輸送隊指揮官には杉浦司令が指定され、「野分」は「舞風」

（司令乗艦）とともに参加した。

中国大陸にあった陸軍部隊の南方への移動は、犠牲のみ多く効果は少なかった。『軍医長日記』から、このときの航海状況などが昨日のことのように伝わってくる。

命令を受領した時期、両艦はトラック泊地にあり、十月十日早朝、同泊地を発し、長駆して上海港に回航することになった。十五日夕食後より第一種軍装（冬服）に変更となり、琉球列島を通過して、十七日、「揚子江エントランス」着、褐色の水面に驚きながら上海軍需部の桟橋に横付けした。

上海租界での停泊は短く、二十日午後（晴）、軍需部桟橋よりラバウルに向け、それぞれの想い出を載せて出港。行く先は赤道を越え、さらに南、灼熱の地である。

黄浦江で自沈転覆した伊客船コテ・ベルデ号の赤い船腹を艦尾より眺める。夕方に「エントランス」に仮泊した。日枝丸と栗田丸には人員三千三百二十名、物件その他を搭載し、さらに、「野分」にも人員六十名、物件三梱包が搭載される。

翌二十一日は東京の神宮外苑で雨中の学徒出陣式が行なわれた。戦争遂行の人的資源が枯渇し、最後の段階に入ったことをだれもが感じた。そして、年配の補充兵、国民兵をも召集しなくてはならなくなる。戦争末期には、「野分」にも妻子を残した明治生まれの年配者が、最下級の一等水兵として配乗することになる。

つぎの日、二十二日の夜半過ぎ、栗田丸が魚雷四本をうけた。衝撃を感じた伊藤軍医長は、便乗中の木下馨陸軍中尉を起こし、「雷撃だ」と言い捨てて艦橋に駆け上がる。同船はすでに中央部より折れ、火炎に照らし出された船首と船尾が青白く仄かに見え、ゆっくりと沈んでゆく。この間どのくらいあったか、文字どおりの轟沈であった。軍医長は、艦橋で先任将校の宇野砲術長と生存者救助を打ち合わせて後部甲板に行く。

「暁闇ノ波間ニ懐中電灯ノ点滅ヲ視ル。右舷ニ縄梯子ヤ綱ナドガオロサレル。甲板ニ上ゲラレタル者ノ顔ハ皆真黒デ、乗組員ニヨリボロ布デマズ拭カル。全員眼ヲヤラレテイルノデ次々ト洗顔シ、兵員浴室ヘ送ル。負傷者少シ」

遠くで「舞風」の威嚇爆雷がときどきズシーンとする。明け方までに本艦での収容者約百六十名。粟田丸負傷者の治療には、「重油ヲ飲ミタル者ノ胃洗浄、ゴムカテーテル足ラズ」とある。

船団は航行をつづける。十月二十九日になって南東方面艦隊への編入予定が変更され、ラバウル直航を取り止めてトラックへ向かい、三十一日、トラック着、礁内の夏島錨地に投錨。ここで、二日間の休養があった。

船団に僚艦山雲が加わり、輸送船日威丸が参入して、十一月三日、ラバウルに向けトラック泊地を出港、四日にB17一機が来襲、さらに翌日になって潜水艦の雷跡を認めこれを攻撃し、またもB25一機を発見して砲撃した。

この時期、ラバウルに大空襲があり、さらに「敵機動部隊見ユ」との報に接し、草鹿任一長官は事態の重要さを感じて、輸送隊をトラック泊地に引き返させた。

輸送隊は改めて日枝丸だけを護衛して出発。航海中、二分隊（水雷員）の田島義治一等水兵がAP（盲腸炎）で艦内での応急手術をした後、日枝丸に移された。

この日も敵潜望鏡を発見して攻撃、さらにB24一機と交戦した。日枝丸が敵の爆撃で直撃弾二発命中、至近弾二発をうけ、海軍と陸軍側に多くの戦死傷がでた。入院させた田島一等水兵はレイテ沖での戦没者名簿に載っているので、その後、全快して帰艦したのである。

制空、制海権のなくなったラバウルへの船団護衛は至難の技になってしまった。翌日ラバウルに到着、木下馨陸軍中尉以下七十名を揚陸した。

水兵が一人、伊藤軍医長の私室にやって来て、「軍医長、艦カラ降ロシテ下サイ」と懇願する。理由は「自分ハ母一人、子一人デ……」という。「私ハ偽ノ診断書ハ書ケヌ。今ハ皆ガ苦労シテイルノダカラ」と泣きじゃくる兵を追い返すという哀れなドラマがあった。軍医長の仕事も大変である。

揚陸を急ぎ、その日のうちにラバウルを後にした。「ろ」号作戦でラバウルに進出して戦力を消耗した第一航空戦隊の整備員二百十名を載せ、速力二十一ノットでトラックに帰港した。

このように一ヵ月余にわたる長期の行動で、しかも敵情の変化により、その行動が再三にわたって変更された輸送が終了した。しかし、陸軍部隊の犠牲は多かった。南方転進中に海没した陸軍部隊の哀しい状況の一例である。

トラック基地に帰っていた十一月二十日、スプルーアンスの敵機動部隊がまたもギルバート方面に来襲してきたので、これに備えて、六日後の二十六日、「舞風」と「野分」に「潮」が加わり、日本丸を護衛して真夜中に出撃、ブラウン島を経由してクェゼリンに向かう。途中、日本丸が雷撃三本をうけたが、命中しなかった。海上は時化ていて波浪が高く、上甲板を洗う。

クェゼリン内のルオット島を経由し、その日の午後、トラック基地に向けて出港した。航海中、ルオット、クェゼリン空襲の報が入り、一日違いで難を逃れた。

トラック着後、艦は給油、乗員には待望の入浴が待っていた。小艦艇では航海中の入浴はほとんど行なわれなかった。筆者も「野分」に乗艦するようになり、長期間、風呂に入らないでいて下着に虱(しらみ)がわき、熱湯で処理することもあった。護衛した日本丸は、その後、トラック基地を空襲した敵機動部隊航空機によって礁内で撃沈されていた。

このときの艦長神田武夫氏は八十二歳で文京区にご健在で、昭和六十二年九月、電話をいただいた。任務を果たして帰還の航海中にルオット、クェゼリン空襲の報が入り、一日違いで難をまぬかれたのでよほど印象深かったであろう。

「僕は潮艦長が長く、野分は短かったし、それに戦死した人に申しわけなくて」

短い期間の艦長職であったので、遠慮しているように思えた。

開戦後のちょうど二年目、十八年十二月八日、旗艦「武蔵」とともにトラック泊地の主「大和」の上甲板士官であった筆者は、駆逐艦「野分」乗組を拝命した。

転勤命令を受け、その所在を艦隊司令部に問い合わせてもらったら、クェゼリンからこのトラック泊地に帰還し、十一日に内地に出港するから至急着任するようにとのことで、取るものも取りあえず、一年足らずの勤務であった「大和」を退艦した。

念願であった駆逐艦乗りとなれる喜びと無限の期待、未知への一抹の不安を心に秘めての着任であった。

「大和」も十二日、横須賀に帰ることになっていたので、「野分」は一日早い帰国であった。しかし、その行く先は横須賀ではなく佐世保である。

この「野分」での勤務は、約十ヵ月の短い期間であったが、一生忘れることのできない数限りのない哀歓（あいかん）の連続であり、今まで胸に秘めていた亡き戦友二百七十三名との全航跡、その生と死のふれ合いである。それは、この大戦で散った駆逐艦百三十四隻とその乗員にも共通の、海面を這いずりまわった下づみの「車曳き」「両舷直」の戦時勤務の実態の一例でもある。

ちなみに両舷直というのは、艦船勤務ばかりで、海軍省、軍令部、学校、幕僚などで勤務した経験のない本当の船乗り（車曳き）という意味である。

筆者とこの「野分」との初めての出合いは、前述のとおり約一年前のことで、トラック泊地の「浮ドック」で修理中のときであった。そして、その別れはレイテ沖海戦の一ヵ月前、シンガポール南方のリンガ泊地で待機中の翌十九年九月十五日、横須賀転勤の発令の電報で決戦を前にして退艦するまでの、わずか十ヵ月間であった。

兵学校在校中に目を悪くしたので、航空機搭乗員適性検査に不合格、潜水艦乗りにもなれないので、せめて駆逐艦でもと、おそるおそる松田千秋艦長に申し出た。

「この大和で勤まらない奴が駆逐艦で役に立つか。もってのほかだ」

と、痩軀に闘志を漲（みなぎ）らせ、眼光炯々（けいけい）たる砲術の大家に怒鳴られ一蹴された。

しかし、そうはいうものの、海軍省人事課に提出する希望調書にはそのとおり記載してくれたのであろうし、交代した艦長大野竹二大佐が少将に進級された時期であり、さらに、佐藤述副長のご好意もあって着任することができた。海軍というところは、そのような個人の希望を入れてくれるところが魅力的であった。

戦艦や巡洋艦などの大型艦に配乗された青年士官は、みんな威勢のよい駆逐艦を希望していたのであった。駆逐艦は船乗りになるための憧れの配置である。

世界一大きな、艦首に「菊のご紋章」のある艦から小さな駆逐艦に乗艦したので、内地に到着するまでの航海は、極度の船酔いのため、なにもできなかった。

着任の翌十二月十一日の黎明、僚艦舞風とともに春島と夏島の間の水道（海域）の駆逐艦錨地を発して、北水道から礁外三十カイリ圏以内の対潜掃討を実施した後、午前五時、本隊の「金剛」「榛名」と合同し、佐世保に向かった。

トラック出港後、荒天のため波浪が上甲板を越え、夜の間に、搭載内火艇の一隻が波浪に取られた。駆逐艦には通常二隻を搭載していたが、そのうちの右舷のものであった。内火艇が波にさらわれるほどの荒天であったから、初めての駆逐艦での行動で船酔いするのも仕方がなかったわけである。

前任者で、横須賀に帰るまで乗艦することになった通信士、東京高等商船学校出身の今泉敏郎少尉とダブル配置であったから、寝る場所は士官室のソファーの片隅、当直が終わるとこのソファーにごろ寝、艦内のことを知ろうとする意欲が起きず、毎食蜜柑の缶詰で過ごした。

それでも朝、昼、夕方の天測による艦位置測定をサボるわけにはいかない。上野航海長は、東京高等商船学校（商船大学）出身の船乗りとしても、海軍での駆逐艦乗りとしても超ベテランで、その指導でゲロを吐きながら行なった。今日では人工衛星によるＧＰＳシステムによる測定が瞬時にできる。この装置は、すでにカー・ナビゲーションとして自動車にも搭載されはじめているから読者にはご理解できよう。

三日後、慣れない早朝の天測を終わり、艦橋から甲板を見下ろすと、カッター（短艇）の覆い（カバー）の中に飛び魚が一匹入っていた。夜の間に飛び込んだのである。「大和」などでは乾舷が高いので、このような収穫はなかった。ようやく波浪が静まったので、食事を少し取ることができた。

十六日の正午ごろ、佐世保に入港、「金剛」に横付けして重油補給をうけ、あとは馬関海峡回りで呉に向け出港した。呉で何をしたか記憶はない。

佐世保入港までは船酔いのためずいぶん迷惑をかけたであろうが、瀬戸内海に入ってからは船酔いのことはすっかり忘れて申し継ぎをうけた。今泉氏は筆者の旧制静岡県立見付中学校時代の恩師の子息で、一つ先輩である。

瀬戸内海の航海は三年間の江田島の生徒時代、年に一回行なわれた練習巡洋艦の「出雲」と「八雲」の航海実習で通いなれた航路であり、敵の潜水艦の心配はまったくない。その親しんだ瀬戸内海の風景を愛（め）でつつ明石沖を通過する。ここから横須賀までは初体験である。

紀伊水道を南下し、潮の岬沖から黒潮にのって故郷の遠州灘沖を東進して、十八日の朝、横須賀に入港した。真夏のトラックを出たのであるが、内地はすっかり真冬であった。

今泉通信士が武山海兵団の第四期予備学生の教官予定として赴任したので、半人前ながら単独で職務を行なわなければならなかった。まことに心細い限りであったが、若さと元気だけは人には負けない意気込みで、自分より年上のベテラン下士官を部下に持ち、彼らとの艦内生活がはじまった。

「三菱横浜船渠」に入渠中の十二月二十三日付で神田武夫艦長が水雷学校教官に転出された。故高松宮と同期で、その御付武官をされた。

新艦長の下で

横須賀鎮守府付となっていた守屋節司中佐(五十一期)が新艦長として着任された。乗員は年末に新しいこの艦長を迎え、昭和十九年の新春を横須賀で家族といっしょに迎える。前の年はトラック基地の浮ドックの中で、開戦直後に迎えた正月が南シナ海の洋上であったから、「野分」としては開戦後初めての内地における迎春であった。

暮れの三十一日に「三菱横浜船渠」のドックを出て、元旦をこの工場内で迎え、三日には横須賀の駆逐艦浮標に回航、一日おいた五日には、もう第二艦隊の旗艦「愛宕」を護衛して横須賀を出港した。

まことに短かったが、心の休まる正月であった。しかし、これを限りにふたたびこの喜びを味わうことがなかった。つぎの年、昭和二十年の正月はレイテ北方サンベルナルジノ海峡の入口、水深三千メートルの冷たい海底に沈座して迎えることになる。文字どおりの寧日なき正月の期間中、筆者にとってもただ一つの息抜きがあった。

横浜の海の見える高台にあったと記憶しているが、宇野砲術長夫人の実家宅に上野航海長、宮内水雷長、伊藤軍医長と招待された。名実ともに豪邸であり、ドイツ人の持ち家であったそうであるが、その後、戦災で焼失したという。ここに一晩泊めてもらい、ご家族に接待していただいた。

筆者の生家は天龍川が遠州灘にそそぐあたり、磐田原との狭い平地の純農村、今ならば新幹線で二時間で帰れるが、当時は蒸気機関車で一日がかりであり、往復二日を要するので帰省できる余裕がなく、この家庭的迎春は今でも印象に残っている。

乗員も短時間であったが、東京近郷の者は親元、親戚の家に帰り、遠方の乗員は親族が上京し、束の間の対面をした。

中島栄一上等水兵は故郷松本市に帰省して越年し、山梨県都留市出身の小俣安義一等水兵は家族が出てきて横浜で久しぶりに面会をはたした。それまでお世話になった従兵長の今野忠次郎兵曹が横須賀海兵団に転勤になり退艦した。

一月五日、このような余韻を引きながら母港を後にした。

艦隊乗員には敵潜水艦の見えざる脅威下にさらされての航海ではあったものの、それでもたびたび帰国の機会があった。筆者にとってはトラック島にあった旗艦「大和」に着任以後、これが二度目の帰国であった。

新艦長は海兵第五十一期の入校で、筆者の生まれた翌年の大正十二年七月に卒業している。卒業後、日本海軍初めての空母「鳳翔」を皮切りに各艦に乗艦、昭和五年、戸祭文造海軍軍医中将（当時の軍医総監）の令嬢芳子さんと結婚した。

故高松宮様の一期先輩、後出の山本佑二、木坂義胤各中佐と同期で、昭和五年に水雷学校高等科学生を卒業し、駆逐艦長までされていたが、その後は機雷学校の教官をしたのち、長らく基地防備関係の職についていた。

開戦時は奄美大島の古仁屋の対岸、瀬相にあった大島特別根拠地隊の先任参謀であり、そして、父島根拠地隊参謀兼副長を歴任した後に着任した。

海上勤務は久しぶりであったので、各種作戦、戦闘での指揮力には派手さはなかったものの、この方の人柄から発する長所を生かして、部下を指導された。乗員二百七十二名は、この艦長とこの年の十月二十五日のサマール島沖海戦で沈没するまでの間、文字どおり生死をともにすることになる。戦死の直前、十月一日に海軍大佐に進級された。

へビースモーカーで、つねに笑顔で乗員に接し、筆者より二十期も先輩であったから、親父のような包容力を持っておられた。温厚で勤勉、じつに責任感の旺盛な方で、横須賀入港時は心が安らぐといって静かなお寺や、子供たちと近くの鶴岡八幡宮や長谷大仏に出かけたという。

武田信玄の嫡子勝頼の居城があった上伊那高遠町の生まれで、旧制諏訪中学校出身。海のない県であったが多くの人が海軍に入り、「野分」にも二十九名が乗艦していた。筆者は部下であった信号員たちと天龍川文化圏の関係で、同じ方言がときどき出るので親しみを感じていた。

昭和十九年一月九日、旗艦「愛宕」を護衛してトラック泊地に入泊したところで、われわれ（舞風、野分、山雲）を待っていたのは、ラバウル方面への派遣であった。筆者の「大和」

勤務時代には、もっぱらこの基地に錨を下ろして、体裁のいい表現で言うならば、連合艦隊の全般作戦支援に任じていたので、この派遣行動は守屋艦長とともに、筆者にとっては最前線への初陣であった。

「連合艦隊がこの方面に派遣し得る兵力は第四駆逐隊だけである」と、公刊戦史叢書の関係版に記録されているとおり、護衛艦艇が逼迫していた状況下での派遣であった。

艤装以来の掌砲長中村政雄少尉が井桁二郎兵曹長と交代したのはこの基地であった。井桁兵曹長もまたこの艦の最後の掌砲長となる。この中村少尉はその後、三月十五日に新設された硫黄島警備隊の分隊長として赴任、その後、上陸してきた海兵師団と奮戦、二十年二月、玉砕する。

このラバウル行動はトラック泊地を基地として磯久研磨隊司令（四十八期、横須賀で交代）の乗艦「舞風」と「山雲」が加わり、珍しくも三隻での行動となった。すでに敵の制空権下に落ちたラバウルに、しかも二回にわたり船団護衛を行なうとともに、現地カビエンからアドミラルティー諸島への陸軍の輸送作戦にもたずさわった。

艦長未亡人芳子様の手文庫に大切に保存されている二通の遺稿（手紙）がある。そのうちの一通、「年末年始にかけてのあわただしい出動準備で落ちつく暇もなかったが、当地の港に来て以来、又連日の出撃準備や訓練やらで毎日忙殺されている。近く最前線方面に出撃、一働きする予定になって居る。死生自ら天命あり。戦闘も亦運であって論ずるに足らぬ。運は天佑神助に委せ、奮闘する積もりでいる。当方面へ出陣以来至極元気だ。安心あれ。山本が連合艦隊司令部で又木坂が最前線の今度の出撃方面司令部でいずれも頑張っている。今まで使っていた千人針を忘れて……」

この信書にはもちろん発信の場所と日付けはないが、文面から見ると、トラック島泊地からラバウル方面への出撃直前のもので、検閲欄はみずからの守屋印である。

夫人は期友山本佑二中佐（ミッドウェー海戦時の軍令部第一課部員）がトラック泊地に在泊中の連合艦隊司令部作戦参謀で、木坂義胤中佐（軍令部第一部第一課部員をされた）がラバウル方面の第八艦隊（司令部）勤務であったことを知っておられるので、その行く先は十分察していたと考えられる。

この両方とも戦死される。木坂中佐はラバウルからトラックに帰る途中で、山本中佐（大佐に進級）は「大和」水上特攻であった。

海軍士官として、一駆逐艦の責任者としてなに一つ記してないが、それだけに淡々たる心境で闘いに臨んでおられたことに深く感じ入る。水雷学校学生以来、家族ぐるみの付き合いをしてきた山本中佐とは、レイテ沖の海戦では「野分」駆逐艦長と栗田艦隊の首席参謀との関係になる。山本中佐は十九年五月の「海軍乙事件」にまき込まれる。

別の一通（後述）は、このときから八ヵ月後、筆者がレイテ沖海戦の直前、リンガ泊地で転勤になったときに託されたもので、遺書といってよろしかろう。

ところで、守屋艦長の手紙にある「今まで使っていた千人針を忘れて……」の千人針については、当時だれもが使用していた。筆者も今年九十六歳になる母がつくってくれたものを保存しているが、出征兵士の武運長久を祈る家族の願いをうけて、近在の女性が一針ずつ赤い糸で千個の玉節をつくり、縫ったのである。虎は千里行って千里戻るという故事にならい、かならず帰還するとの思いから願いを込めて一つずつ、寅歳の女性は歳の数ほど縫い玉をつくることができるという習慣があり、筆者の妻も大正十五年の寅歳生まれ、ずいぶん縫わされた想い出を持っている。

第三分隊員、短現下士官であった故佐藤力三兵曹が遺した日記（後出）にも、つぎのようにある。南比島のタウイタウイ島泊地内で次期作戦「マリアナ沖海戦」のため待機していた昭和十九年七月ごろのことである。

「出撃も間近かろう、身の回りをかたづけたり。昨今潜水艦多くなり来たりてからは湾を出ずる度に千人針をするようになり、夜は居住区を廃し、発令所にねることとす。武蔵しきりに発見信号」と。

迷信と言ってしまえばそれまでであるが、ベテランの艦長も、筆者と同年配のこの佐藤兵曹も、同じ思いで着用していたことが改めて明らかになった。戦場において生死の間に心の平静を得るため、だれもが故郷の肉親との絆として、身につけたのであった。

このような千人針とか千人力とかと性質は同じものに、つぎのようなものがあった。昔から出陣する人に対し、黒髪の一部を断ち切って彼に捧げ、その武運を祈った。また、ある人はルージュを含ませた唇を白紙に印して彼のお守りとして渡したという。

トラック基地において、ニューブリテン島北端のカビエンに進出する第六十九防空隊を三隻に分載したうえに、国洋丸を護衛してラバウルに向かう途中、敵機の爆撃をうけた。偵察を兼ねた攻撃であったろうが、筆者にとっては初めての体験であった。

これらの対空戦闘時にアルミ箔をつけた風船をいくつか飛ばし、敵のレーダー電波の目をごまかそうとしたが、アルミ箔が重く、空中にいくらも浮かんでいないうちに海面につぎつぎと落ちていったのを覚えている。凪のない油を流したような灼熱の赤道南の海面での出来事である。

ラバウルでは毎日定期的に敵の大空襲があり、「ラバウル航空隊」の飛行場攻撃が狙いであった。すでに制空権が敵の手に落ち、迎撃に飛び上がる零戦が少なかったことがとくに印象的で、今でも歌われている「ラバウル航空隊」はいずこの感で、寂しい限りであった。

内港のシンプソン湾は狭くて停泊は危険であるので、隣り合った外港のガラヴィア湾（背後に高い絶壁を背負っている）に停泊した。空襲の時間になると、早目に遠くマッサベに避泊し、空襲の終わるのを待って再入港するということの繰り返しで、避泊地から望見すると、文字どおりの「雲霞の如き」敵機の来襲で、急降下する爆撃機が胡麻塩の胡麻粒大で視認された。

避泊が遅れたとき、高い絶壁を背負ったガラヴィア湾の海岸ギリギリに、捨錨（すぐ錨を捨てて出港、後でこれを拾うように浮標をつけておく）できるようにして接近、錨泊し、対空戦闘をしながら避けたことがあった。

敵機も背後の絶壁が邪魔になって突っ込めなかったものの、わが幼稚な電探（レーダー）にとっても、敵のレーダー波がこの絶壁で乱反射してブラウン管上に複数の目標が現われて困った。

当時、電探は通信科の担当であった。まだ初期の機材であり、性能も悪く、そのうえ故障続出、予備品も不足で、しかも操作する電探長は機関科電機員から講習をうけた長津直治兵曹で、十分使いこなせなくて使い物にならなかった。

昼夜を分かたぬ定期便（空襲）があり、だれもはじめは二十機の爆撃にも怯えていたのに、戦闘に慣れたためか四十機ぐらいの空襲にも驚かないようになる。撃墜されて夜空に火炎をあげて落ちていく敵機もあった。

横須賀で着任した磯久司令を指揮官とする作戦輸送隊の三隻は、一月二十四日、ラバウルからカビエンに回航して、陸兵、岩上大隊長の一個大隊を乗せ、その日のうちに同地発でアドミラルチー島のロレンガウ港に行動した。ここは戦後、豪州方面の戦犯裁判があったところであるが、「野分」にとってはまったく未知の港湾であり、海図もまったく未整備のところである。

上野航海長は、暗闇の中を「測鉛」（ロープの先に少々重い鉛製の錘をつけたもので、レッドともいう）で水深、海底の土質（泥とか岩とかの底質）を測らせての操艦で任務を完遂した。深夜、灯台とてない未知の港湾での艦位測定は、新米通信士の技量では大変困難であった。揚陸中に敵のレーダー電波を探知し、艦橋に報告したら、揚陸作業を打ち切って緊急退避となった。

斉藤辰夫電信員長は、死地に赴くこの大隊の一兵隊から、「ご苦労様です。私たちは一銭五厘あればいつでも集められますが、あなた方は大切な人ですから、大事にして下さい」と丁寧な挨拶をされた。彼は最敬礼して、「ありがとうございます」としか返事ができなかった。送るものがかえって送られたのであった。「一銭五厘あればいつでも集められます」というのは、当時の陸軍の召集令状が一銭五厘の葉書一枚で出来たことをいったのである。

僚艦「山雲」は引き続きロレンガウ港にたいする第二回目の輸送にあたるためこの地に残ることになったが、「舞風」と「野分」は、カビエン経由ラバウルに引き返して、国洋丸を護衛し、二十八日、トラックに無事帰着した。

「この輸送により、大隊長岩上泰一郎少佐以下の約七百五十名が輜重第五十一連隊長の指揮下に入り、ロスネグロス島の防備を増強した」と、公刊戦史叢書の関係の陸軍作戦版にあるが、その月の二十九日、マッカーサー軍がブイン地区に巡洋艦二隻その他による砲撃の後、上陸。さらに進んで三月十六日には指揮官マッカーサーみずからがこのアドミラルチー地区、マヌス島に上陸してきた。

この地の占領目的は、ここがトラック基地に代わる天然の良港で、米全艦隊を収容することができることが事前の調査で分かっていたので、マッカーサーはフィリピン攻略の輸送船団の後方基地とするためであった。

わが守備部隊は約一ヵ月間、孤軍奮闘したが、二月二十八日から連絡を絶ったと記録されている。痛恨の窮みである。

平成七年夏、『アドミラルチー諸島』という題名の図書を見る機会があった。内容はアドミラルチー諸島に輸送した岩上大隊で戦死した故岡野勘兵衛陸軍曹長の遺児鯉淵道子さんという東京の方が現地を慰霊した体験記を発表したことから、読売新聞大阪社会部がこの島から帰還した軍人を捜しあて、当時の状況をルポした内容となっており、『新聞記者が語りつぐ戦争』との副題で出版された。

これによると同大隊の生還者は将校一名をふくむ若干名で、大隊長以下が全滅している。さっそくこの娘さんに輸送した艦艇の作戦参加状況の資料をお送りした。これで私の懸案の一つが解決した。

第一回目の船団輸送の任務を無事に果たし、艦長も筆者にとっても初の任務完遂であった。国洋丸は艦隊随伴の正規の油槽船であり、この船によって、ラバウルの燃料事情は多少とも潤うことになったであろう。

つぎの行動もラバウルへの護衛であった。

加入船は白根丸、白鳳丸、五星丸の三隻、護衛艦の二隻にもカビエンに進出する防空隊の人員百名と弾薬などその他約七十トンを分載し、一月三十日、トラックを出発した。

敵機の空襲は前よりもいちだんと激化しており、さらに敵潜水艦の攻撃が加わる。海中、空中からの一方的な敵の制圧攻撃下での船団輸送であったが、現地に取り残された部隊の隊員の苦労を思い、乗員一同は困難に耐えて一路南下していく。

四日目の朝、艦橋の見張員が艦の左百三十度方向艦尾に近く、雷跡四本を発見したので、艦橋では哨戒長は魚雷を艦尾に見て避けようと、ただちに面舵（おもかじ）（右に転舵）をとった。哨戒長付は、「配置ニ就ケ、対潜戦闘用意」の号令をかける。乗員は、ほとんど居住区に入らず、上甲板の物蔭で休んでいるので配置に就（つ）くのは早い。

魚雷の速力のほうが少し早いので、艦と魚雷が相当長く並行に走り、これを艦橋から眼下に見ながら、まさしく眼下の敵、航走する魚雷のスクリューの蹴出しをまぢかに見たのはこれが初めてである。

このようなことは滅多にあるものではないが、レイテ沖の戦闘時、「大和」にもこのようなことがあって戦闘運動に大きく影響し、戦闘隊型が乱れて爾後の作戦に大きく影響したといわれている。

哨戒長も、艦橋の乗員も、ともに薄氷を踏む思いの数分間であった。一番神経をすり減らしたのは操舵員長であった。通常、哨戒長には砲術長、航海長と水雷長の三科長があたる。いずれもベテランであるが見事な回避というにはいたらず、ようやくというのが正解であった。

哨戒長付には通信士の筆者、坂本掌水雷長、井桁掌砲長の三名であり、四時間、三直交代である。通信士としてはこのほかに本職の朝、昼、夕方の天測が毎日三回あるので、睡眠は極度に少ない。艦橋の後ろの旗甲板の旗旒信号格納所のカバーの中に、航海長と交代で仮眠したものであり、ここは夜露が防げる特別寝室であった。航海長は高等商船学校の出身であるから天測は早く、上手であり、この良い指導者により二ヵ月ほどで筆者の技量は向上し、島の上に出るような誤りはなくなった。小柄な優しい人であり、よく藁草履でいた。

また、横道にそれてしまった。まだ、対潜戦闘の途中である。

この方面の海上は無風地帯で細波一つなく、雷跡もはっきり認められる。後甲板の爆雷砲台では約三十分の間に、二十六個の重量物である爆雷が三回に分けて交互に、また同時に発射、投下される。その爆発はズシンと船体に響く。効果は不明であったと記録されている。

一難が去り一息ついたところで、三時間後に対空見張員から、「B25、一機発見」の報告がある。今度は「配置ニ就ケ、対空戦闘用意」である。飛来した敵機は高々度であり、高角砲の弾は届かない。空も高く、雲一つなかったその中に、砲弾の白い破裂の煙が飛行機のはるか後方で漂っていた。ラバウルに向かう日本輸送船にたいする見張役である。

二月三日、デテルトに仮泊して翌日、ラバウルに到着した。ラバウル港内での作業、空襲回避は前回と同様であり、散歩上陸についての記憶は定かでないが、筆者の在校時の兵学校長で、卒業一ヵ月前にこの方面の指揮官に任命された草鹿任一長官にお会いしていなかったことは確実である。

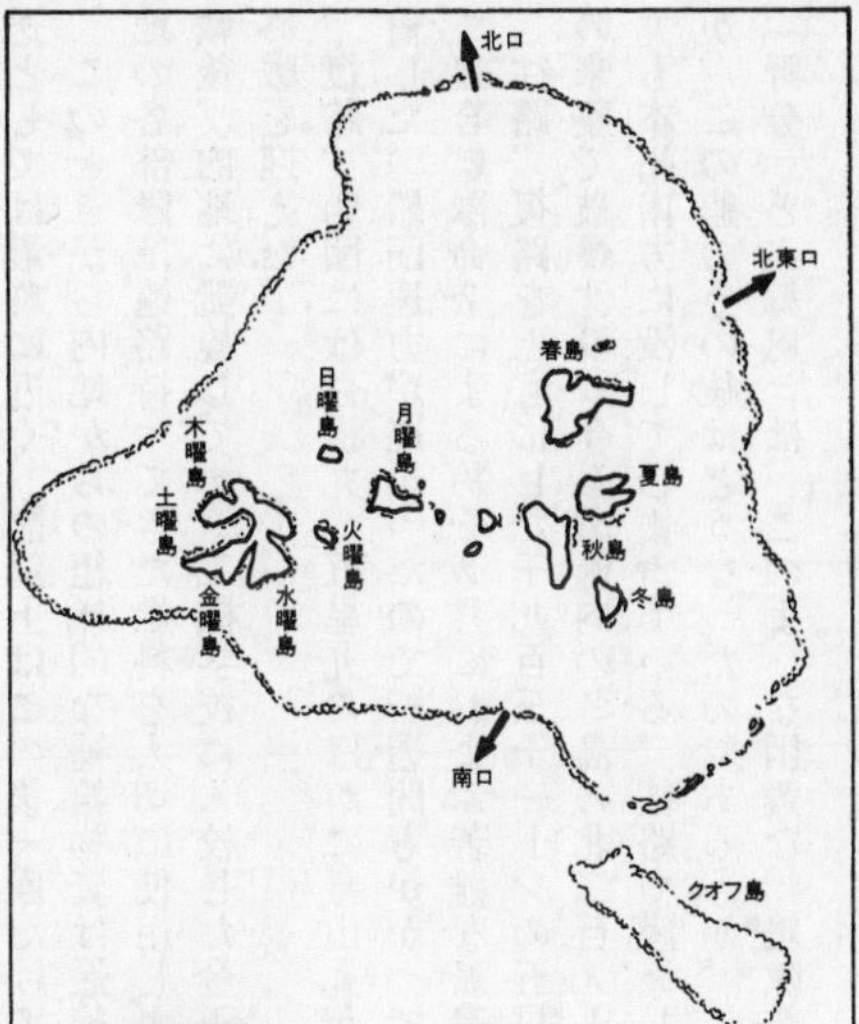

トラック諸島要図

湾内の松島、活火山の花吹山の姿とその噴煙（あるいは煙が出ていなかったかもしれないが、戦後、大噴火している）が印象的であったと想い出すものの、当時はそんな感傷にひたる暇などあるはずはなかった。

ラバウルに到着の日に、後述するように米機動部隊のトラック基地攻撃のための情報収集の航空写真偵察飛行艇が、トラック泊地を撮影して行ったことはもちろん知らない。

この輸送作戦はこの方面にたいする弾薬、食糧、燃料などの補給品輸送としては最終に近く、記録上はこの後一回だけであった。

このときから内地からの組織的な補給物資は途絶え、現地での自給自足がはじまった。現地の各部隊は遠路持ってきた燃料を大切に使用したであろう。マレー半島上陸支援作戦に参戦後、内地に凱旋してすぐ工機学校に入校した金子勝次機関員は、この地の潜水艦基地隊で終戦を迎えた。

復路、船団には白根丸、五星丸のほかに寿山丸が加わり、翌五日、同地発でトラックに帰着した。船団速力が遅かったので一週間もかかってしまったが、船団のトラック帰着をもって連合艦隊命令による約一ヵ月におよぶ苦難な派遣勤務は何らの事故もなく無事に終結した。

往路、復路をともにした千九百三十一トンの五星丸は、トラック島帰着直後の敵機動部隊の来襲で被爆沈没、今も環礁内の冬島の北二百メートルに眠り、二千八百二十五トンの白根丸も本州南方に没してしまっている。往路で護衛していった白鳳丸は復路には加入してないが、この船のその後はどうなったのであろうか。

「野分」と「舞風」は、このような困難な、艦隊が積み残した任務を無事に完遂した。

トラック空襲

ミッドウェーでの挫折から一年たらずの昭和十八年四月十八日、山本長官がソロモンで機上戦死し、五月二十一日に古賀峯一大将がその後を継いだが、この間およびその後もソロモン海域での諸海戦、ガダルカナル島での陸上戦闘の敗戦がつづいた。

「餓」島への食糧輸送などによる犠牲が増加するばかりで、艦隊乗員の士気は低下し、航空機の喪失とベテランパイロットの戦死が輪をかけ、海軍伝統の見敵必殺の海軍魂はもう消え失せていたといっても過言ではなかった。

開戦後一年半たったこの年の後半からはじまったギルバート群島に対するスプルーアンス指揮する第五艦隊の空母機動部隊の本格的反撃によって、第一線基地、マキン島、タラワ島（守備隊長・三特根司令官柴崎恵次少将）をつぎつぎに喪失している。

このころ、トラック基地においては四人により建設された春島と竹島の海軍諸施設（飛行場）だけでは不足してきたので、これを補うため艦隊の乗員で楓島に幅百メートル、長さ約千二百メートルの滑走路と対空砲台を建設しはじめた。

「つるはし」と「もっこ」の昔からの日本式土木に汗水を流し、筆者も「大和」の作業隊指揮官の補佐にあたった。これに反し米軍は、一夜にしてジャングル中に仮の滑走路を完成して使用していたことを着信電報で読み、驚いたことを覚えている。

スプルーアンスは、旗艦インデアナポリスに乗艦して、昭和十九年一月十九日、真珠湾を出港し、占領したばかりのタラワの環礁に錨をおろし、基地の建設が進捗しつつある模様を見て満足し、夫人に手紙を出している。

「わが軍の土木工事用の重機材はじつに素晴らしい威力を発揮して、建物や飛行場、道路などどんどん建設している。日本側は大幅に人力に依存しなければならないが、その点においてはおそらく、彼らはわれわれよりも優れているであろう。彼らは主として、手作業によらなければならない地下の退避壕のようなものは、とても巧妙にたくさん建設することができるが、道路や飛行場の建設ということになると、とてもわれわれにはかなわない」

この提督が一ヵ月後の二月十七日に、トラックを強襲する最高指揮官となるのである。

ハルゼーも開戦初頭、この戦争を制するのは潜水艦、レーダー、航空機、そしてブルドーザーだと自叙伝で予測しているが、先見の明があり、これらのいずれでも日本は破れたのである。

また、このときすでに戦艦カリフォルニアのマストに「ベッドのスプリング」のようなものを見たハルゼーは、これが最高機密のレーダー試作機であると知らされていた。この戦艦カリフォルニアも真珠湾で撃沈されている。

アメリカ国民は、真珠湾での敗戦の痛手をスプルーアンスのミッドウェー海戦による勝利により取りもどし、ヤンキー魂を呼び起こす。さらに物の再建、建艦、航空機の製造など、とくにレーダーの開発、対潜兵器のソナーと前投爆雷、確実に通達する通信兵器に裏づけられ、戦争、戦闘遂行の各種システム、レーダーを活用したCICシステム、潜水艦の狼群戦法、艦艇と航空機によるハンターキラーグループ（潜水艦狩り）方式などの開発により、戦闘遂行能力は急速に回復していく。

世界の最優秀機であった「零戦」に勝る新鋭機を開発、使用するようになるが、それ以上に敵のパイロットの果敢さは目を見張るものがあった。これは水上艦艇側から見た実感であるが、珊瑚海海戦で戦った第五航空戦隊（瑞鶴、翔鶴）の当事者、前出の原忠一元中将の「敵は強いぞ！」は印象的である。

トラック作戦の最高指揮官スプルーアンスは、ミドウェーでの勝利後、太平洋艦隊の参謀長となり、「ニミッツの新戦略」の手始めとして次期作戦をじっくり計画している。ミッドウェー海戦時の体験と戦訓を活用したのであろう。

その結果は、アメリカはいつでもどこでも日本基地を空母部隊で叩くことができる体制にあることを日本に示したのであるが、ヤンキー魂の決起、この戦略の変換の兆候を、東京の中央部は見逃してしまった。

依然として、「我に大和魂あり、アメリカ何するものぞ」「死中に活を求める」などとのかけ声だけであった。

スプルーアンスは、旗艦インデアナポリスに座乗、真珠湾を出港した三日後の一月二十三日、「タラワの環礁」に錨をおろした。

占領したばかりのこの環礁における基地の建設が進捗しつつあるもようを見て満足し、環礁内のペチオ島の飛行場が使用可能となり、陸軍の爆撃機や戦闘機がマーシャル群島の日本軍飛行場に攻撃を加えるため出撃する状況を、ハワイの太平洋艦隊司令部からきたニミッツ（長官）が視察した。

これから行なわれようとする一月三十日のクェゼリン環礁にたいする上陸作戦を実施する前に、第五十八任務部隊（指揮官ミッチャー少将）による日本の基地航空部隊の活動を封止しておこうという計画の第一歩である。

ミッドウェー海戦、トラック空襲で活躍したスプルーアンス。

スプルーアンスは、細かい問題についてはいっさい注意しない性格であったが、モントゴメリー少将の戦艦部隊が同島にたいする艦砲射撃を実施する計画をしていなかったことに激怒し、

「ロイ島に対してはできるかぎり速やかに、水上部隊による艦砲射撃で使用不能にすることは、小官がとくに明確に希望したところだ」

と、自身で電文を訂正したという。彼は第五巡洋艦戦隊指揮官の時代、ハルゼーに従いマーシャル群島ウオッゼ島、ウエーク島、南鳥島を砲撃した経験があった。

だから、旗艦インデアナポリスも加わって、長時間にわたる猛烈な爆撃と艦砲射撃によってクェゼリンの陣地施設を破壊したので、秋山門蔵少将指揮する守備隊は大部分が戦死した。元皇族の侯爵音羽正彦少佐も戦死された。最前線の皇族の戦死ははじめてであった。

そして、さらに情勢が進展し、四日後の朝、旗艦インデアナポリスは占領したばかりのクェゼリン島に錨をおろした。

一週間前にはこの環礁には戦闘艦艇は一隻もいなかった。スプルーアンス指揮下の第五艦隊の艦艇は太平洋の各地に分散していたが、それらの艦隊がここに集結したのであった。

その威容は恐るべきものがあり、水平線の彼方に広がる艦隊の集まった様子を見てスプルーアンスは感動し、参謀長のバーバーに、

「われわれが今からやろうとしていることは、日本に対し、彼らは戦争に勝つことはできないと悟らせることだ。わが艦隊は敵を撃破したし、これからも何度も何度も撃破するであろう。そしてまもなく日本は無力で、とても戦争に勝てる望みはないことを悟るであろう」

と語っている。しかし、日本の軍部はなお一年半の日時と多大な人命の犠牲、栄光の連合艦隊を崩壊させ、広島、長崎に原爆が投下されるまでそれを悟ることができなかった。その責任の追及解明はどうなったのか。

この間、ワシントンとこのクェゼリン島の間で作戦打ち合わせのため長文の電報が飛び交い、二月四日、統合参謀本部はエニウェトク環礁（ブラウン島）に対し攻撃を開始すること、トラック島に対しても一撃を加えることを許可した。

アメリカの五十年にわたる対日戦略計画「オレンジ・プラン」の中部太平洋での第一の攻略目標であったトラック基地は、前述のとおり迂回することに決したのである。スプールアンスの参謀長となったカール・ムーア大佐は海軍大学校でトラック攻略を研究していたが、「暗礁の奥深く位置する急峻な島への上陸は死にに行くようなものだ」と言っていたという。

ニミッツは、多くの要人見学者一行をつれ、六日に到着し、迅速に、しかも少ない損害での占領を喜んでいる。このブラウン島には、敵来攻にそなえて古賀長官直率（旗艦武蔵に座乗）のもと、筆者乗艦の「大和」が連合艦隊の一艦として進出したが、決戦することもなく早々に引き上げたばかりであった。

一九四四年（昭和十九年）二月三日の夜、ソロモンのスターリング島に、新しく完成した滑走路から米海軍の写真員を乗せた二機の写真偵察飛行艇（PB4Y）が離陸した。その使命は二千カイリ離れたトラック海軍基地の写真偵察であった。

六千メートルの高度を飛行して、四日の朝（「野分」と「舞風」がラバウルに到達した日）、探知されないで目標の上空に達した。

トラック環礁の上空には雲があって、写真撮影をさまたげられたが、カメラは滑走路のある夏島と竹島を撮影することができた。なんら抵抗を受けることなく二、三十分間在空してソロモンに帰り、撮影した写真の分析をする。

島内の各部隊は大騒ぎをしているわりに、基地司令部はその航空偵察の重要性を認識していなかった。

エニウェトク環礁（ブラウン島）の攻撃開始のための上陸日（Dデー）を二月十八日、秘密名称を「キャッチボール」とされ、日本軍の航空部隊と艦隊による妨害を防ぐため、第五十八任務部隊は同環礁の西南方六百六十カイリにあるトラック島の日本海軍の基地を襲撃することになった。ブラウン島の日本陸軍増援部隊が陣地を構築して配置につく前に占領したいと望んでいた。

二月十日、スプルーアンスは五十七歳という一番若い海軍大将になった。その前日、旗艦を新しい戦艦ニュージャージーに変更し、「キャッチボール作戦」およびその支援作戦であるトラック島襲撃の「ヘイルストン作戦」に関する命令を下した。

米第五艦隊長官の旗艦は、常設的に巡洋艦インデアナポリスであったが、スプルーアンスはニュージャージーに旗艦を変更して、空母九隻、戦艦五隻、巡洋艦十隻、駆逐艦二十七隻による世紀の大機動部隊を指揮し、二月十二日、「野分」がラバウルからトラックに帰着した日に、占領したばかりのメジュロ基地（環礁）を出発した。

航空偵察により、トラック環礁内には「大和」型の戦艦、空母などを確認しているので、日本の超戦艦との対決を夢見て、新鋭のこの戦艦に将旗を掲げて直率したのであろう。南海のこのトラック基地に鉄塊の雹（ヘイルストン）を落とすというわけで、「ヘイルストン作戦」と呼んだ空母航空機による航空攻撃を、二月十七、八日の両日敢行することになる。

米海軍は綿密な準備を行ない、第五艦隊の全力を挙げての大部隊を充当した。このトラック基地の航空攻撃には占領の目的はない。それはマキン、タラワでの戦訓「巨大な兵力を持っている要塞、ラバウルとかトラックとかを攻撃することは、犠牲ばかり多く、航空基地と艦隊基地を確保するならば他に適当な環礁がある」によったのである。

メジュロ基地もその一つであり、後述するところだが、これまた台湾沖航空戦以後使用することになる「ウルシー」基地（無血占領した）は最大の太平洋艦隊の前進根拠地となるのである。このようにアメリカは、この海域での支援基地の選定調査を戦前に研究していた。恐るべき国民性の国家である。

「アメリカ軍を誘い出し、それを叩く」という日本の海軍大学校の戦略には、アメリカはのらなかった。逆にわが方が誘われたことになる。

ミッチャー指揮する空母の搭載航空機による航空攻撃と、これに並行してスプルーアンスは旗艦ニュージャージーに座乗、戦艦部隊を直率して環礁外に逃げ出すであろう日本艦船を捕捉、撃滅する礁外一周の捕捉作戦を実施するのである。

筆者自身はこの航空攻撃に巻き込まれ、引き続いてニュージャージーの主砲用の四十サンチ砲弾の洗礼をも受けることになる。

アメリカ軍が「日本の真珠湾」と呼んだトラック基地に対する、いわゆる「トラック大空襲」と呼ばれるもので、米海軍は第二次世界大戦における完全なる作戦であったと豪語し、開戦劈頭の日本機動部隊による「真珠湾奇襲の仇討ちを果たした」と語り継がれている。

昭和十九年に入ると、開戦以来の最大の策源地トラック基地にも敵の来襲が予想されるようになり、二月上旬には連合艦隊旗艦「武蔵」とその主力艦艇（第二艦隊）は、ついにこのトラック泊地を捨て、そしてふたたびこの基地を使用することはできなくなった。

「平家の西海落ち」に似て、落ち行く先はボルネオ島に近いタウイタウイ泊地（小沢部隊・サイパン沖海戦の待機基地）、さらに西のシンガポールに近いスマトラ島のリンガ泊地（栗田部隊がレイテ沖海戦前に待機した基地）まで後退する。

これらの地は産油地（パレンバン）に近く、訓練には事欠かない。海軍においては燃料問題がつねにつきまとう。開戦を決定したときも国家戦略の最重要問題は燃料であった。

二月一日、「長門」「扶桑」「熊野」「鈴谷」「利根」「秋月」「浦風」「磯風」「谷風」「浜風」がひとまずパラオに、つづいて十日に「武蔵」「大淀」「白露」「満潮」「玉波」は横須賀行き（「玉波」は呉行き）、「愛宕」「鳥海」「妙高」「羽黒」はパラオから引き返した第十七駆逐隊（浦風、磯風、谷風、浜風）に護衛されてパラオで待機していた「長門」「扶桑」とともに二十一日、リンガに回航した。

このようにして、在泊中の全水上部隊が避退した。この艦隊の出撃を「帽振れ」で見送った基地の軍人軍属と在泊中の多くの輸送船の乗員は、連合艦隊がどこかの戦場に向かうものと頼もしく思っていたという。

山本元帥を失った後の古賀連合艦隊には、建軍以来の見敵必殺の海軍魂はなくなり、燃料の枯渇問題もあって、軍令部の艦隊温存だけが海軍の戦略になり、恥も外聞もなく後退し、さらに後退していく。

空母という「どんがら」だけを造り、その航空機搭乗員の練度不足を承知で（とすれば、その犠牲者の若者は浮かばれない）、つぎつぎと葬送作戦（サイパン沖海戦、フィリピン沖海戦）を計画し押しつけた軍令部と、それを強行した艦隊の責任者、とくにその補佐たる部員、参謀たちが誰かをここで述べるつもりはない。

この人たちにより計画されたあとの作戦は、筆者もいやというほどの負け戦を体験し、先輩、同僚、後輩とその部下たちが犠牲となった。戦争とは負けるものかとの印象さえ持っていた。

二回目の船団を護衛してラバウルに到着した「野分」と「舞風」は、敵の空襲下で休む暇なく現地部隊に積荷を引き渡し、二月五日にこれらの船団を護衛してラバウルを後にした。千カイリの海路、赤道を越えて、連合艦隊が去った二日後の十二日、ラバウルへの船団輸送の任務を無事に遂行し、意気揚々と懐かしいトラックに帰って来た。

ところが、いつも在泊しているはずの艦隊の戦艦、空母などの主力艦艇が一隻もいないので奇異な感を持ったが、われわれには重大な徴候をふくむ情報を知らされていなかったので、久しぶりの内地帰還命令に艦内は浮わついていた。これがトラック島泊地が奇襲をうけることになった前日までの現地と「野分」艦内の状況であった。

この日、スプルーアンスは空母九隻、戦艦六隻、巡洋艦十隻、駆逐艦二十七隻からなる大機動部隊を率いてメジュロ基地を出港している。泊地偵察の写真情報を判読した結果により「武蔵」などが写っていたので大反撃をうけるものと予想し、慎重な行動をとって、日本機を避けるためブラウン島の北方からトラック泊地に近接し、十七日の早朝、夏島の東北東九十カイリに達した。

第四艦隊司令部は、連合艦隊の脱出を受けてこの基地が早晩何かあるという情勢判断の下にいたので、春島第一飛行場の第七五三航空隊（七五三空と略称。以下同じ）の陸上攻撃機五機をもって、トラック東方海面の索敵を実施した。

ところが、そのうちの二機が未帰還となり、また、通信隊の敵信班が十五日午前、感度の高い米空母（エセックス）搭載機の電話通信を傍受したことから、トラックは翌十六日の早朝から敵機の空襲をうける算大なるものと認め、午前三時以後、トラック方面第一警戒配備を下した。

その日には予期した空襲もなく、未帰還搭乗員の捜索をかねる索敵が陸攻二機、天山艦攻九機をもって実施されたが、いずれも異常なく帰還した。索敵態勢はかならずしも綿密であったとはいえない面があったが、それを鵜呑みにした司令部は、午前八時に第二警戒配備、ついで十時三十分に第三警戒配備（通常配備）に戻して上陸を許した。

そして、翌十七日の黎明にトラックからは一機の索敵機をも発進させなかった。これがこの戦闘での最大の失敗であった。

なぜ出さなかったのか。参謀たちの健全なる情勢判断の欠如と敢闘心も失ってしまっていたのか。それまでの平穏な南国勤務のせいか。現地最高指揮官四艦隊司令長官小林仁中将とその参謀たちのうっかりミスにより、完敗することになる。

それまで多大の犠牲をはらって死守してきたソロモンの守りが瓦解し、中部太平洋の国防圏は崩れ去り、敗退の怒濤はますます勢いを増すことになる。何よりも艦隊乗員の士気の低下をもたらしたことは、弁解の余地はない。日本海軍最大の恥部であった。

つねに大型艦の犠牲になる小艦艇、ラバウルからこの基地に帰投中の「文月」(ラバウルで被爆し、六日入港)、そして「舞風」と「野分」(同じくラバウルから、十二日入港)、タラカンからバリックパパン経由で艦隊配属の油槽船神国丸と富士山丸を護衛してきた「時雨」と「春雨」(二月十四日入港)、その他近海で作戦中の小艦艇と第十五昭南丸(哨戒艇)、在泊中の多くの艦船などには、主力部隊避退の真の理由について、連合艦隊と基地司令部のいずれからも、なんら情報を打電してこなかった。

このとき、「文月」「春雨」に乗り組んでいた筆者の期友松本兵吾、橋本一郎両君に質問したが、いずれも聞いていなかった。

情報を提供しなかったのは、主力艦隊を脱出させるための囮(おとり)であったと公言したというが、その真偽のほどは知らない。仮にそうであるとすれば、この礁湖に永眠している英霊に何と言ったらよいだろうか。その発言の根底は、その昔の海軍当局者の発言「駆逐艦などは戦艦を護るためには犠牲にしてもよい」というものに発しているかもしれない。

礁内では機関を分解整備中であった駆逐艦の「文月」「太刀風」と「追風」(捨錨して行動をおこしたが沈没した)。「松風」と「伊号一〇潜水艦」(無事であったが、多くの負傷者を出した中に筆者の同期生がいて一名ずつ戦死)。礁外にあった巡洋艦「那珂」(撃沈されて同期生二名戦死、一名重傷)、そのほかの小艦艇があった。

急遽、錨を揚げて出港した「春雨」と「時雨」が北水道から脱出する午前六時三十分ごろ、四十五機の航空機の攻撃をうけて「時雨」は被弾して戦死二十一名を出す被害をうけ、「春雨」も戦死者二名を出す。同日夕刻、脱出してきた工作艦「明石」を護衛してパラオに向かっている。

この両艦が北水道から出たのが後出の「香取」船団より一時間ほど遅かったので、戦艦部隊がこの船団に気を取られていて、捕捉するのをまぬかれたのであろう。余談ながら、「時雨」乗組の通信士・筆者の同期生帖佐裕君は「貴様と俺とは」ではじまる「同期の桜」の作詞者である。

「浜波」は十二日に船団護衛で出港し、「雷」と「電」は船団護衛の途次十一、十二日にトラックに寄港したが、出港して難を逃れた。

陸軍第五十二師団（松本百五十連隊、富山六十九連隊）の九千名乗船の一部を乗船させていた五隻の輸送船を護衛中の「藤波」は、トラック基地に向かう途中、避退していった「武蔵」などの艦隊と十四日グアム島の東方ですれ違ったが、その情報は知らせてこなかった。

この三二〇六船団は、そのままトラックに向かい、途中、敵潜の攻撃で輸送船暁天丸が沈没、船団は分離して当日は北水道の北方で空襲に遭い、輸送船辰羽丸と瑞海丸が沈没することになり、これらの生存者を収容し、羽衣丸を護衛して十九日に入港する。富山連隊の記録によると、七千近い陸軍兵員が戦死したという。

連合艦隊が逃げ去った後に、この基地にあって攻撃の矢面に立つという悲運に直面するのは、この基地に増強されたばかりの陸軍部隊（約一万五千名）に対する兵器、弾薬糧食などを満載し来島、昼夜をわかたず荷役中の四十隻余の輸送船である。

これらの船舶は、なんらの情報をもらっていなかったであろう。このうち、この両日の空襲で沈没してしまうのは計三十三隻、約二十万トンに達し、つぎの船舶が今もこの礁湖に眠っている。この他にも難をまぬかれた幸運な船舶が在泊していたが……。

海軍運送船（十五隻）＝国永丸、伯耆丸、花川丸、桃川丸、松丹丸、麗洋丸、大邦丸、四江丸、北洋丸、乾祥丸、桑港丸、五星丸、山霧丸、第六雲海丸、山鬼山丸
特設潜水母艦（二隻）＝りおでじゃねろ丸、平安丸
特設巡洋艦（四隻）＝瑞海丸、愛国丸、清澄丸、赤城丸
特設油槽船、給油船（五隻）＝第三図南丸、天城山丸、宝洋丸、神国丸、富士山丸
海軍航空機運搬船＝富士川丸
海軍給水船＝日豊丸
特設駆潜艇＝第十五昭南丸
陸軍軍用船（四隻）＝暁天丸、辰羽丸、夕映丸、長野丸

一つの戦闘で沈没させられた船舶隻数が一番多かったので、中央の輸送関係担当者にとっては、きわめて大きな衝撃であった。これら沈船の現状は『トラック大空襲』（吉村朝之著、光人社刊）に詳しい。

春島第一飛行場の駐機数は、つぎの約五十機である。

七五三空の派遣隊（陸攻約十機）、五五二空（九九艦爆十五機）、五八二空（九七艦攻七機、天山艦攻二機）、二航戦の残留隊（九七艦攻九機）、九〇二空派遣隊（水偵機五機以上）

この飛行基地にあった、どの航空隊であろうか、その搭乗員たちはラバウルから引き揚げてきたばかり、第四艦隊の指揮下で練成中で、前夜、海を渡って夏島で転勤者の送別会を開催後、そのまま夏島で宿泊中であった。

ほかの飛行場での状況は、

竹島飛行場＝二〇四空（戦闘機三十一機以上）、二〇一空（戦闘機八機）、五〇一空（爆装二十五機以上、艦爆二機・春島）

楓島飛行場＝五五一空（天山艦攻二十六機）、二五一空本隊（夜間戦闘機九機以上）、九三八空（戦闘機五機）

春島第二飛行場＝九〇二空派遣隊（二座水偵五機）

夏島水上飛行場＝九〇二空本隊（三座水偵約十一機、二座水偵二機、水戦約十機その他）、六艦隊偵察隊（小型水偵七機）

このうち、五五一空（天山艦攻二十六機）は、はるばるスマトラ島から航空機輸送空母海鷹で駆けつけ、まだ完全に展開しないうちのことである。このほかに所在航空廠支所の九十八機、一〇一航空基地隊の七十八機の保管機があった。

筆者は最近、この時、この地で空襲を体験した方々の伝記を読んだ。主計科士官として勤務した俳人の金子兜太氏、当時参謀本部部員で、東京から視察に来ていた瀬島龍三氏などである。

そして、筆者のつぎの知人もその激烈さを身をもって体験した。

開戦初頭の真珠湾爆撃行に初陣した（海上自衛隊での友人）吉岡政光氏（蒼龍飛行隊・第一次攻撃隊雷撃隊）はその後転戦し、このとき「五八二空」に所属し、ラバウルから飛行機を取りに来島していた。兵学校第十七分隊の伍長補山崎圭三氏（六十八期）はヤルート方面で活躍した後、戦局の後退によりこの基地の「九〇二空分隊長」として夏島の水上戦闘機隊で哨戒にあたった。そして、幸運にも空襲直前に転勤した。当時、その水上機基地から発進した下駄履き機がたちまち撃墜されるのを春雨通信士（後述）であった橋本一郎君は目撃している。

米戦艦ニュージャージー——トラック空襲に先立って、スプルーアンス中将は旗艦を巡洋艦から就役直後の同艦に変更した。

この作戦はエニウェトク環礁（ブラウン島）の攻略が目的であって、トラック基地に対しては所在航空機、艦船、陸上施設だけの撃滅であった。

高速空母打撃部隊の編制はこうだった。

第五十任務部隊＝スプルーアンス（第五艦隊司令長官・中将）

第五十・二任務群＝旗艦ニュージャージー艦長（ホーリデン大佐）

このヘイルストン作戦の最高指揮官スプルーアンスは、旗艦をそれまでの巡洋艦から就役直後の戦艦ニュージャージーに変更しての出陣である。
航空攻撃は、つぎに示す第五十八任務部隊指揮官ミッチャー少将に指揮させた。
第五十八任務部隊＝ミッチャー少将
第一空母群＝空母エンタープライズ、ヨークタウン、（軽空母）ベローウッド
直衛・重巡四隻、駆逐艦九隻
第二空母群＝空母エセックス、イントレピッド、（軽空母）カボット
直衛・重巡四隻、駆逐艦七隻
第三空母群＝空母バンカーヒル、カウペンス、（軽空母）モンテレイ、戦艦アラバマ、マサチューセッツ、ノースカロライナ、アイオワ、ニュージャージー（旗艦）、サウスダコタ
直衛・重巡二隻、駆逐艦十一隻

ちなみに、ミッドウェー海戦時の米側兵力は、空母三隻（スプルーアンス少将のエンタープライズとホーネット、フレッチャー中将のヨークタウン〈沈没〉）、重巡七隻、軽巡一隻、駆逐艦十一隻であった。この海戦では、日本軍は負けたりとはいえ、正々堂々の海戦であった。だから、彼我航空機の熾烈な攻撃状況は、今日でも大々的に報道されている。

トラックでのことは、まったく反撃することもなく、一つの作戦での被害が最大のものとなってしまった。

米国側は飛行機の損失二十五機だけであったから、米側のワンサイドゲームであった。これでは作戦行動、戦闘とはいえない。

これから述べるトラック島にたいする二日間の戦闘のうち、「野分」は初日の後半には戦場を離脱しているので知らないし、紙面の制約もあり、十七日の午前五時からはじまる「香取」船団にかかってきた敵航空機との八時間におよぶ死闘と、その直後の戦艦部隊の砲撃の一時間の状況とに焦点を当て、この激戦中、弾丸雨飛の艦橋の片隅で記録した信号員、主計科庶務員が残した戦闘記録と米側の記録とを対比して、その戦闘状況を再現する。

筆者が体験していない陸上施設および所在艦船にたいする攻撃はさらに激烈であった。その残像は今日でも礁湖の海底に沈んでいる沈船、航空機に見ることができる。

これらは美しい海草や珊瑚などで囲まれ、色とりどりの魚類に彩られているので世界から訪れるダイバーを迎えているが、戦争関係者には永遠に悲惨なままである。

香取船団の正式な名称は「四二〇五船団」、構成はつぎのとおりである。

船団指揮官（香取艦長）＝軽巡洋艦「香取」（小田為清大佐）、特設巡洋艦赤城丸（黒崎林蔵大佐）

警戒隊指揮官（四駆逐司令、磯久研磨大佐）＝駆逐艦「舞風」（萩尾力中佐）、駆逐艦「野分」（守屋節司中佐）

「香取」は、開戦後まもなくこの基地に進出した第六（潜水）艦隊の旗艦であったが、新しく編成される予定の海上護衛総隊の旗艦となるため、内地に帰投するところであった。

赤城丸は、日本郵船の新鋭船で、沖縄に引き揚げる婦女子を乗船させるため、わざわざ内地から回航し、約六百人を収容していたとある。しかし、会社の記録では、最後の引揚者二十五名を乗せたとなっている。

この船の荷役が遅れたので、船団の出港が一日延びた。その理由がどのようなものであったか知る由もなかったが、翌十七日の午前四時三十分に出港することになり、この一日の遅れが命取りとなった。敵情を正確に知らされ、万難を排して予定日に出港していたら、大切な艦艇と多くの人命を失うことはなかった。


基地での警戒態勢が右記のとおり通常状態の第三配備であったので、「舞風」と「野分」は十六日を休養にあて、横須賀帰港の準備もととのっていたので上陸が許可された。

帰艦すると、夕方から映写会があった。司令部から派遣の技術員が映写機と幕を持参し、サービスしてくれる。後甲板に仮説されたスクリーンの前後に三、四十名ほどが集まり、午後六時ごろから、ニュースに始まり、ドイツ映画「荒鷲」が上映された。友邦空軍の鉄十字のマークも鮮やかな急降下波状攻撃がスクリーンいっぱいに映り、見物の乗員は友軍の強い快感に酔いしれる。スクリーンの後ろ側から見る者はすべて反対に見えるが、すべての憂きことを忘れた一時であった。

南洋の夜の帳もおり、満天の星空、微風のため快く、左の方、ちかくに大きな空母と思うほどの捕鯨母船第三図南丸が、灯火管制のため春島の暗闇の輪郭とかさなり、怪物のように見えた。

夜を徹して荷役を急いでいる輸送船が多く、島と反対の薄明かりの沖の方には、それまでの戦艦、航空母艦などの大型艦の黒い艦影はない。乗員は明早朝の出港であるので、後片づけもそこに寝についた。この捕鯨母船は群を抜いて大型だったので、初日の攻撃の第一目標となり沈没する。

敵の攻撃の公算がなくなった、との判断で直衛艦は魚雷を固縛し、陸上司令部の要請で対空弾丸やその他の物資を陸上に揚げるなどして、久しぶりの内地帰還を前に、多少のんびりムードが艦内に漲(みなぎ)っていた。

このとき、この基地に近接していた敵の大部隊があったのに、知らぬが仏、うかつではあったが戦闘など予想していなかったので半袖、半ズボンの防暑服姿であった。戦闘中は爆撃の火炎で露出した皮膚が火傷するのを防ぐため、戦闘服装は袖もズボンも長い事業服、暑いが雨着をつけることに決められていた。

明けて十七日、予定時刻の午前四時三十分に警戒艦の「舞風」「野分」は抜錨し、北水道外での船団の前路対潜掃蕩のため先行し、北水道に向かった。

伊藤軍医長は、出港準備のため機関室で配置に就(つ)いていた機関員が午前二時ごろ熱傷を負ったので、起こされて治療にあたり、出港を知らず仮眠していた。

遅くまで映画を見ていた斉藤電信員長も、四十数日ぶりに内地に帰る楽しさもあり、寝つかれぬまま起き出し、黎明の清々しい空気を吸い込んで抜錨する艦の行き脚と近くの環礁を眺め、羅針艦橋のすぐ下の電信室に入った。

激戦また激戦

これから述べる敵の航空攻撃の展開は、十七日の黎明をついた戦闘機のみによる基地への機銃掃射に始まり、引きつづき、攻撃機による昼間攻撃が七次まで行なわれ、さらに夜間攻撃が加わった。

公刊戦史叢書関係版の記録によると、基地のレーダーが午前四時二十分から四時三十分の間に大きな探知目標を得たので、空襲と判断した司令部は、ただちに「空襲警報」を発したとされている。

その空襲警報については、『野分行動調書』には記録されていない。艦隊司令部への報告電報にはこの探知時間となっているが、レーダーステーションではまだ起床前のことであり、かつ上陸が許可されていたので、当直員も気がゆるみ、電信の不達などもあり、所在部隊に知らされたのは遅れている。

このことについて、筆者同期生で「春雨」通信士だった橋本一郎君の回想がある。

「〇五三〇（午前五時三十分）ごろ、夏島山頂の望楼（見張所）に空襲の標識が揚がったのを当直中の私は視認した。しかし、それが黒球三個であったか、また、火箭も打ち上げられたように聞いたか、その点の記憶は定かでない」

二日間の航空攻撃に参加した敵艦載機の機種はつぎのとおりで、参加総数は延べ千二百五十機、艦船に投下、発射した爆弾、魚雷は四百トン、陸上に投下した爆弾は九十トンであったという。

さらにまた、二ヵ月後の四月十九日になって、英国の艦隊も加わった機動部隊が空襲をかける。

F6Fグラマン戦闘機

ＳＢ２Ｃヘルダイバー爆撃機
ＴＢＤダグラス雷爆撃機
ＳＢＤダグラス爆撃機
ＴＢＦアベンジャー雷爆撃機

空母バンカーヒル（発艦したグラマン戦闘機二十三機）、エンタープライズ（十二機）、エセックス（十一機）、イントレピッド（十二機）およびヨークタウン（十二機）の五隻の空母からのグラマン戦闘機合計七十機が、午前三時三十分にそれぞれ発進、三群に分かれ、第一空母群の攻撃隊は北水道の北、第二空母群は北水道の北東、第三空母群は北東水道の東、それぞれ十五カイリの集合点に向かった。

このうちの第一空母群攻撃隊と第二空母群の攻撃ルートが、いずれも香取船団の北上航路とたまたま一致していたとは、つゆ知らないことであった。かえりみると、船団への攻撃、とくにグラマン機による機銃掃射が多かったのは攻撃を終了して、帰りがけの駄賃に残弾をすべてわれわれ船団に打ち込んでいったからであろう。

この攻撃の狙いは日本軍の空中反撃を駆逐し、まず制空権を確立することにあった。この攻撃に対しわが航空反撃はあるにはあったが、散発的なもので組織的な迎撃はまったくなかったといってよい。

二日前に米航空機の発した無線電話を受信し、哨戒中の一式陸上攻撃機が行方不明になったにもかかわらず、それ以上の哨戒をせず、クェゼリンとエニウェトック（ブラウン島）の間のどこかで発したものとして警戒配備を緩和し、二十一日までは攻撃がないと判断して警戒を解除した。これに反し、連合艦隊司令部はすでにその主力水上艦の「武蔵」などを避難させていたのである。

このような基地関係者の怠慢を知らず、艦橋でこれから起こる九時間の死闘を、航海科員と庶務員の戦闘記録係は文字どおり弾丸雨飛のなかで克明に、分単位でこの戦闘状況を残してくれた。

その記録が『野分行動調書』として防衛研究所の戦史室に保管されている。この記録があったればこそ、当時の戦闘を長いタイムトンネルを遡り再現することができる。彼らの努力にあらためて感謝し、賞賛したい。これはまったく米側の記録と一致している。

環礁の北東、九十カイリから、それぞれの集合点に向かって接近したグラマン隊は、母艦を発進してから四十六分後に、敵機と遭遇することなく飛来し、黎明の明かりのなかで史上最大の戦闘機だけによる地上駐機中の航空機の撃滅戦闘を開始した。

基地の要員、停泊中の輸送船はまだ総員起こしには少し間がある時刻であったので、出港してからちょうど三十分たっていた「香取」船団が奇襲の敵機を最初に発見した。

「舞風」と「野分」の両艦は、北水道外に伏在するかも知れない敵潜水艦の掃討だけを考えて先行し、北水道に向け北上中、出港から半時間後、春島（現在モエン島）を右正横、至近距離に見るころに発見した雲霞のごとき艦載機群は、この攻撃隊だった。

基地のレーダーに探知感度があり、三十分後に警報信号が夏島の防楼にあがったときは既に遅しであった。

〇五〇〇　敵機動部隊空襲、春島飛行場ニ銃爆撃
〇五〇四　グラマン十五機発見
〇五〇六　主砲打チ方始ム
熱傷の機関員を治療した軍医長は、出港時には仮眠していたが、この射撃の音で目が覚めた。

黎明の清々しい空気を吸い込んで抜錨する艦の行き脚と近くの山々を眺め、すぐ下の電信室に入った電信員長は、いくばくもなく戦闘配置の異様な騒ぎを耳にし、何かと思ってふたたび艦橋に上がり、「あっ」と驚いた。昨夜の映画のシーンそのままの波状攻撃するグラマン機を目にして、息を飲むやいなや電信室にもどり、後部電信室の送信機を稼動、死ぬときは全員電信室での約束どおり配置につけた。

艦はすでに全速力に達し、電信室では特有の振動が始まった。機銃のパリン、パリンという軽い発射音がしはじめ、敵機近しとの感を抱いた。

舷窓は閉鎖されており、これから始まる戦闘状況を見ることができないため、艦橋との伝声管に耳をつけて推察する極限の状態が、戦艦の砲撃から脱出するまでの九時間もつづくのである。

敵機は現在、トラック島の国際飛行場となっている春島北側の飛行場（当時、幅百メートル、長さ千百メートル）をつぎからつぎに降下奇襲し、地上の航空機は被弾炎上する。

事の重大さを感じた守屋艦長は、総員を戦闘配置につかせ、対空戦闘用意を命じた。磯久隊司令から増速の命令があり、北水道外に急いだ。

春島の飛行機がつぎつぎと被弾、炎上しているのを目の前に見ながら、航空部隊は何をしているのか、これからどうなるのか、などと何ともいいようのない怒りと、奇襲された無念さとが交錯する気持ちで、北水道から礁外に出て、広い海面で避弾したいと単縦陣で北上をつづけた。

結果的に見ると礁外に出ない方が戦艦に捕捉されず、また航空機にやられても遭難者は近くの島に泳ぎつくことができたのだが、当時は、戦艦に会うなどとはつゆほども考えなかったので、ただ外に出るのだということで頭が一杯であった。それが最良の情勢判断だった。

北水道までは約二十カイリ、一時間の航程である。竹島、楓島、春島の基地飛行機は迎撃準備に入ったものの、その多くは地上撃破されたと記録にある。これらの迎撃状況はもちろんわれわれは見ていないが、春島の第一飛行場の被爆状況は丸見えで、多くの飛行機が野ざらしで駐機されていた。その機数は約五十機となっている。

初動で飛行場に置いてあった機が被弾炎上し、迎撃に飛び立つものはなかった。まだ、総員起こし前だから、滑走路上には人影を見なかった。それほど飛行場の近くを航過していたのである。

この飛行基地の搭乗員たちはラバウルから引き揚げて来たばかりで、第四艦隊の指揮下で練成中の航空隊所属、前夜、海を渡り夏島で転勤者の送別会を開催後、そのまま夏島で宿泊中だった。早朝の空襲で基地に帰る連絡舟艇が破壊されて帰ることができず、もちろん迎撃すらできなかった。中には泳いで帰ったものもあったと、何かの資料で読んだことがある。

直前までラバウルで酷使され、苦労してこの春島飛行場に撤退したばかりであったことを知るよしもないことであった。そうだとすれば多少憐憫を感ずるものの、軍人としては許されるべきものでなく、その汚点は永久に残る。

ほかの飛行場での状況は、われわれの視界外にあったので不明であった。これらの飛行場の戦闘終了時の使用可能機数は四、五機であり、このほかに所在航空廠支所の九十八機、一〇一航空基地隊の七十八機の保管機が被爆した。

在島の第四十七警備隊会編『トラック島海軍戦記』（七十二期、松元金一氏編著）に驚くべき回想がある。

「当時ハ第三配備デ、航空隊ノ人達ハ料亭デ一杯ノ最中ラシク飛行機ハ野ザラシノ儘タタカレテシマッタ」（施設部・高橋徳治氏）

施設部の佐藤政行氏の日記は、

（二月十七日）

四艦隊司令部ノ無策振リヲ痛憤。

（二月十八日）

帝国海軍ガコレホド弱体ナルヲ痛感スルトキハカツテナカリキ。敵艦ヲ眼前ニ見眺メナガラ、コレヲコトゴトク撃破シエズシテ、北水道ヨリ侵入セル敵ヲシテ二日間ニワタリ自由気儘ニ暴レシム。シコウシテカカル際、何ラ策ナキ四艦隊司令部、果タシテ何処ニソノ資格アランヤ。

（二月二十一日）

高等官宿舎ハタチマチニシテ解毀サレル。総テノ発動ハ施設部ヨリノ現状ヨリ生ズ。一刻モ速ヤカニ四艦隊ヲシテ覚醒セシメヨ。作戦ヲ樹ツルハ正ニ彼等ナリ。

施設部によるこの「高等官宿舎の解毀」とはどのようなものであったか。この回想を見て、また何をか言わんやの心境である。大空襲を体験した現地の陸上部隊の軍属たちの怨念の回想記であり、大空襲の攻撃状況とわが軍の対応の無責任さを実感をもって記している。このような下積みの苦労は、とかく関係者の間にしか話題にならないので、ここで強調したい。

船団は、内地に帰るというので、各艦の弾庫に格納してあった砲弾を基地の軍需部に陸揚げしていたため、砲術長宇野一郎大尉は対空射撃に不安を感じた。その結果、砲弾不足のため照明弾、煙弾まで使用して応戦することになった。

早朝から開始された敵の航空作戦はグラマン七十機をもって基地の航空戦力をまず掃討、撃滅し、島での制空権を確立することであったので、われわれには目もくれなかった。

イントレピッドの十二機は、午前五時に上空に到着する。春島の北飛行場の攻撃を終えて北水道の北方向の集合点に向かって引き揚げている途中に、八機よりなるグラマン機の小隊が「香取」に機銃掃射をした。「野分」が発砲したのは、この来襲機に対してであった。

しかし、この敵機側にも思わざる犠牲があった。この機銃掃射を指揮中の副小隊長バラード大尉は被弾し、北水道の外側の西方五カイリの環礁のアラネンコブウェー島付近の海上に着水したので、後続していたオデンブレット中尉機が救命筏を投下した。彼はその足で、「香取」の甲板上のカタパルト上の水上機に照準を合わせて機銃掃射をした。

その後、この脱出パイロットは島の中で味方の救出機に二回目認され、手を振っていたが救出される前に付近の日本軍により捕まり、後日、日本に送られたと記録されている。

黎明の奇襲に引きつづき、ミッチャーの機動部隊司令部は本格的な攻撃を開始するため、六隻の空母からグラマン（戦闘機）に護衛される急降下爆撃機の各攻撃隊を午前四時から発艦させた。基地の飛行機を一掃して反撃がなくなり、つぎの攻撃目標は戦艦、空母、重巡などの大型艦がいなかったので、軽巡、潜水艦、タンカー、補助艦、そして駆逐艦であった。

攻撃隊の行動は往復約二時間、在空約三、四十分である。エンタープライズ攻撃隊が午前五時二十分ごろ上空に到達し、まず錨地に停泊中の艦船を攻撃した。目標となった輸送船の大多数は、内地からはるばる運んできたばかりの軍需品を夜を徹して荷役中であった。その中には「武蔵」「大和」の四十六サンチ砲の砲弾を積んだ山霧丸もあった。

ついで、攻撃のほこ先は礁内で逸早く行動を起こした艦艇、「時雨」「春雨」「文月」「追風」「太刀風」「松風」に、そして北水道から礁外に脱出中の「香取」船団、「春雨」と「時雨」のような移動艦艇に向けることになる。

そのころ、この船団は「舞風」と「野分」に引きつづき「香取」が、赤城丸は少し距離をおいて続航していたが、その状況を敵パイロットが詳細に報告している。最初の目視位置は、春島の北五カイリの地点であった。まだ礁内である。

「野分」の敵発見報告はつぎのとおりで、発見敵機数は、米側記録とほぼ一致している。

〇五一八　グラマン十二機発見
〇五二五　グラマン三十二機発見
〇五三四　グラマン四機発見

バンカーヒルの八機のアベンジャー（雷爆撃機）が、午前五時四十五分、北東水道に近づいたとき、春島の北五カイリを「香取」が単縦陣で航行の「舞風」と「野分」をともない、高速で北水道に向かっているのを認め報告している。

○五四六　左九十度ニ敵大編隊ヲ認ム

イントレピッドの攻撃隊は、爆装のグラマン隊と各機に四百五十キロ爆弾を搭載した爆撃隊、各機に六個の破砕爆弾と六個の焼夷爆弾を搭載した爆撃隊とからなり、北水道をちょうど出たところの「香取」に対し、五時四十五分から六時十分までの間に攻撃を集中した。

船団の最後尾にあった赤城丸は、これから水道に入るところであったが、敵機はこの船には攻撃しなかった。「香取」に四個の爆弾を投下したが命中しなかった。そして、午前六時四十五分ごろ、北水道の北五カイリにあった三隻を、バンカーヒル攻撃隊の八機の爆装のアベンジャーが攻撃した。

○五五六「舞風」艦尾ニ至近弾一ヲ受ク

六門の十二・七サンチ連装砲と八門の二十五ミリ三連装機銃、十基に近い十三ミリ単装機銃の全砲火を、宇野砲術長指揮下で打ちまくった。十二・七サンチ砲での対空射撃は砲側照準であり、発射速度も遅いので、機銃が威力を発揮した。

その機銃の指揮は通信士であった筆者で、中部機銃砲台の二十五ミリ三連装機銃二基六門を分掌した。この配置は筆者の本職ではなく、専門は航海、通信で、射撃指揮は兵学校での教務のとき一度やっただけであったが、ベテランの機銃員がカバーしてくれた。

残念ながら敵機撃墜の戦果はなかったが、投下爆弾の一発も命中しなかったことが幸いした。敵機を撃墜しても、一発でも命中すればお仕舞いである。これらの戦訓にかんがみ二ヵ月後の四月ごろ、第二番砲を撤去し、そのあとに二十五ミリ三連装機銃二基、単装機銃十数基を増設することになる。

昭和19年２月17日早朝、米機動部隊はトラック空襲を開始した。写真は航空攻撃をうける日本艦船で、41隻もの船が海に沈んだ。

甲府市出身の三井保雄一等水兵は、着任時からずっと艦長、砲術長、軍医長の従兵をしていたが、本職は機銃員で、戦闘配置は筆者の指揮下の後部煙突の前、右舷側の三番機銃砲台の射手であった。射撃指揮官の筆者も三井射手にとっても、初めての対空射撃であった。二基の機銃砲台の射撃そのものはそれぞれの台長（台長の一人は後出の佐々木茂雄兵曹であったらしい）の受け持ちである。

指揮官は突っ込む敵機の配分であり、このとき持っていた指揮棒は白黒まだらのものであったと、三井氏が記憶していてくれた。この指揮棒で敵機を示しながら、「二番機銃は左×××度、高角×××度、突っ込んで来るやつ、撃て！　撃て」「三番機銃は……」である。喚きといった方がいいだろう。その連続であった。

雨霰と飛来する機銃弾、曳痕弾であり、その海面での弾着痕跡が真一文字に自分に迫ってくる。しかし、任務遂行の者には恐怖はなかった。

母港横須賀にたどり着いて造船所で調べたところ、筆者の配置のすぐ後の後部煙突には、弾痕が無数、船体全体で百ヵ所以上を数えた。このときは、敵弾が煙突に当たる音より機銃の発射音が大きかったので気がつかなかった。

銃身は真っ赤に焼け、水筒の水で冷やして射撃をつづけた。船体に当たり跳ね返った焼けただれた機銃弾の小片が、筆者の鼻のあたまをかすめただけで負傷することなく終わった。しかし、三井射手は被弾で負傷し、そのほか機銃砲台の機銃員で負傷した者も多くいた。

艦橋の上の露天の射撃指揮所（天蓋）で指揮をしていた砲術長が機銃弾で左肩に負傷し、艦橋にいた水雷長が肘に弾片を受けたという。軍医長も気がつかないうちに背中に軽傷を負ったが、臨時の応急治療所となった士官室は大変な忙しさであった。守屋艦長も少し出血があった。敵航空機にたいする死闘八時間における人身の損傷状況は、いつどこの配置で、どのようであったのか、一々検証ができないので、その一部をここにまとめた。

連合艦隊の主力水上部隊はこのとき、逃げ脚が早くて間一髪のところで難を避けた。これら主力艦艇が在泊していたならば、狭い泊地にあれだけの隻数の艦艇がいれば右往左往、身動きができず全滅し、真珠湾の場合と比べその立場が逆となったであろう。まことに不謹慎なことを言うようであるが、同じ敗戦の悲哀を味わうのならそのほうがよかった。これ以降の作戦、戦闘であたら失う必要のなかった人命を救うことができた。当時は「身は鴻毛の軽き」であったが、現在は元首相が言ったように「人の生命は地球より重い」のである。

六時二十分に発艦したバンカーヒル隊の十六機のヘルダイバー（爆撃機）と九機のアベン

ジャーは、島の東側から接近し、七時三十分に北水道の東五カイリで「舞風」と「野分」をともなった「香取」が北水道を出たばかりのところを発見した。

攻撃機が近づいたとき、水道の内側にいた赤城丸から散発的ではあるが、激しく砲撃をしてきた。パイロットは「舞風」と「野分」がおおむね「香取」の近くにいるのを認めて報告した。

攻撃目標として「香取」と赤城丸（七千三百六十六総トン、長さ六十七メートル）が選ばれた。ヘルダイバー機中隊は、北水道の北一カイリで分離し、北側から南に向けてこの二隻に対し降下をはじめ、四百五十ないし六百メートルで爆弾を投下して、二発の四百五十キロ爆弾が「香取」の艦中央に命中。つぎに、爆装のアベンジャー機が南西側から降下、攻撃に入り七百二十キロ爆弾三発と二百五十キロ爆弾二十一発を投下、艦首に七百二十キロと二百五十キロの爆弾がそれぞれ一発命中し、艦中央に一発、艦尾に二発の至近弾があった。これらは有効であったかどうかは分からなかった。

「香取」の速力が低下し、攻撃機が離れたとき甲板上に大きな損傷個所が見え、爆発の火柱があったと報告。
○七一六　敵大編隊発見、対空射撃
○七一八　「香取」急降下爆撃ヲ受ク
北水道から出てきた赤城丸にはヘルダイバーの十三機が攻撃をかけ、四百五十キロ爆弾だけが命中、炸烈により大損傷が発生したのを認め、パイロットたちは「香取」と近くにいた駆逐艦（舞風、野分）からの反撃があり、北水道東側のリーフ島から七・五サンチ砲の砲撃が少しあったことを報告。

ヨークタウン隊の攻撃隊は、各機に二百五十キロ爆弾を搭載して七時五十五分ごろ、北水道の二百九十度、約二十カイリで対空射撃をしながらさかんに避弾運動をしている「香取」と「舞風」を発見し、アベンジャー三機編隊の一個小隊が駆逐艦に攻撃を加え、連続して十二発を投下し四発至近弾、二発はミスしたが、三発が艦中央に命中、そのうち一発が煙突に命中した。

そのため、火柱が見え、黒煙が百五十メートルまであがり、速力が落ちた。黒煙を引きながらも、前部砲塔から砲撃をしてきた。

ダグラス（雷爆撃機）四機が「香取」に十六発を投下したが、二発だけが至近弾（右艦首に一発と左正横に一発）であった。残りのダグラス機隊のパイロットたちは、北水道の北と北西に二群の目標を発見し、五機が水道の北十六カイリを航行中の新型の一隻の駆逐艦（「野分」であったかも知れない）を攻撃したが命中はなかった。水道の北西のグループの「香取」を目標に選定し、四百五十キロの爆弾が煙突に命中、十メートル以内の至近弾二発があった。「香取」艦上に火柱と黒煙が起こったが、速力が落ちたようには見られなかった。

この攻撃隊を護衛していたカウペンスの戦闘機十六機も、七時十五分に北水道の北西十カイリにあった「香取」と赤城丸に機銃掃射をしたが、効果はわからなかった。

八時ごろ到着したエンタープライズの攻撃隊は、北水道の北西約三十五カイリを航走中の「香取」に対して攻撃を集中した。四百五十キロ爆弾六発と百二十五キロ爆弾二十八発を投下し、二番煙突後部に四百五十キロ一発、艦首に百二十五キロが命中し、右艦首の至近弾二発があり、おそらく何らかの被害をあたえたと思われる。

「野分」に対する米側の攻撃は、あまり記録に残っていないが、戦闘記録にある敵機の攻撃状況はつぎのとおりであった。

○七二〇「野分」艦爆一機急降下爆撃、左一五〇度、百メートルニ弾着

○八〇四「野分」敵戦闘機一機ノ機銃掃射ヲ受ク

「野分」に対する攻撃を報告しなかったのは、機上からは「野分」も「舞風」もまったく同型艦であるから区別することはできなかったのであろう。あるいは、攻撃に失敗したので報告しなかったパイロットもあったろうか。これは筆者の自惚れである。

この艦橋記録によると、七時二十分に左舷の斜め後方百メートルに至近弾を記録しているが、米側の記録にはこの時刻には攻撃をしたとの記録は見当たらない。

砲術関係の元乗員によると、現地部隊の要請で弾薬を陸上に渡してきたために、近寄る飛行機以外は射撃するなとの砲術長命令が出ていた。手元まで引き寄せて慎重な照準、それが正確な射撃となって、撃墜することはなかったが、敵のパイロットに脅威をあたえて攻撃前の投下照準ができず、無意識に避けたのかも知れない。

この正確な射撃をする駆逐艦があったことが後述のように米側の公式資料にある。引きつづきこの三艦に攻撃が集中する。

○七三五「香取」赤城丸ト合同

各艦は攻撃に対してそれぞれ回避運動をしていたので離ればなれになってしまった。この

記録からこの時刻、敵の攻撃の合間を見て「野分」は本隊に近寄ったのであろう。米側の記録でも「野分」はおおむね「香取」の近くにいたと、敵パイロットは報告している。

七隻の空母から発進した第三波攻撃隊には、北水道から脱出する戦闘艦艇を攻撃する任務があたえられ、八時四十分ごろから礁湖上空に到達しはじめた。これから船団にたいする本格的な攻撃がはじまったのである。

この三次攻撃で香取船団に攻撃を指向したのは、エンタープライズ、ヨークタウン、エセックス、イントレピッド、キャボットの五隻の空母からのアベンジャー（雷爆撃機）、ダグラス（爆撃機）およびグラマン（戦闘機）であった。「野分」にたいしても二発の至近弾を認め、速力が低下したとの報告がある。

さらに爆撃機が「舞風」と「野分」を攻撃し、二発の至近弾を認めたと報告、護衛の戦闘機も三隻に計六回の機銃掃射をしている。

エンタープライズの攻撃隊は、到着した直後にほとんど停止して炎上中の「香取」を視認し報告しただけで、別の目標に向かった。ヨークタウンの攻撃隊も船団を発見し、八時三十分から十五分間にわたり攻撃を行なった。まず「香取」から攻撃を開始し、二百五十キロ爆弾二発が艦尾に命中して行き脚が止まり、三分後に艦上で大きな黄色い大爆発が起こった。ダグラス機も艦尾に四百五十キロ爆弾を命中させ、三発の至近弾があり、護衛の戦闘機が機銃掃射を二回行なった。

「舞風」にアベンジャー機の直撃弾一発、至近弾九発があり、命中弾は艦首または前部砲塔付近であった。この艦からの対空砲撃はもうなくなり、煙が上がって速力が落ちはじめた。

エセックス攻撃隊の第一目標は、ヨークタウン攻撃隊による爆撃と機銃掃射をうけ、海面に重油を漏洩していた「舞風」であった。アベンジャー機の一機が爆撃し、艦中央に命中するのを認めた。爆撃機は命中弾がなく、至近弾だけであった。

○九二〇　「舞風」急降下爆撃ヲ受ク

○九三一　「舞風」爆弾命中、航行不能トナル

「香取」が左舷機関室に被弾し航行不能となり、「舞風」からも電源が切れたらしく携帯用の「TM」無線機により「野分」艦長あてに隊司令より、「舞風被弾、機械室浸水のため航行不能、ただちに横付けせよ。われ野分にて指揮を執る」との電があった。戦場は混乱し、「野分」にも敵機の攻撃がつづけられるので、手のほどこしようもなく自艦の防御がせい一杯であった。

○九一一　「野分」敵戦闘機二機ノ機銃射撃ヲ受ク

○九一三　「野分」急降下爆撃ヲ受ク

○九二七　「野分」急降下爆撃ヲ受ク、右舷艦首二百メートルニ弾着

つぎに来着したエセックス雷撃隊の二機は、北水道から約十五カイリの海上で、約十ノットの速力で赤城丸と一緒にサークリング（乗馬での輪乗り）をしていた「香取」を発見して攻撃した。

艦中央と艦尾に三発が命中し、速力が低下した。おそらく「香取」は舵故障で、同じところをぐるぐる回っていたのであろう。付近には「野分」と「舞風」がいた。二百五十キロ爆弾を各機三発搭載のキャボット隊は、エセックス隊の三機と協同して、「香取」がちょうど

右回りでサークリングをしているところを攻撃した。命中弾はなかった。

赤城丸にはヨークタウンのアベンジャーが艦中央に一発の命中弾をあたえ、大炸烈と火柱の発生を認めた。五機のダグラスがついで攻撃したが命中弾はなく全弾が至近弾であった。ついで、エセックス隊機は八時四十五分に赤城丸を攻撃し、二百五十キロの爆弾三発が艦尾に命中して、艦尾が水面に達するほどに傾き炎上した。

キャボット隊のパイロットたちは、赤城丸を攻撃していたこのエセックス隊の攻撃機が、猛烈な対空砲火をおかして四発を投下し、最初のは右舷に至近弾、二、三番目のは四番機の投下弾が左舷至近に弾着している間に艦尾で爆破して巨大な炸裂が起き、艦尾まで傾きはじめ、攻撃機が引き揚げるときには船体が水平になって急速に沈んでいったのを認めた。

時刻は十一時、沈没地点は北水道の北西二十カイリであった。

「野分」の戦闘記録に残っている赤城丸の最後は、つぎのとおりである。

一〇〇七　赤城丸、大火災トナル
一〇四二　赤城丸、沈没
『モリソン戦史』にも、この船の沈没が午前十時四十一分となっている。

「香取」も赤城丸も、正確ではなかったが砲撃をつづけていた。

エセックス隊の攻撃隊が十二時に到着したときには、この商船の姿は見られず、午後に戦闘艦を攻撃していたイントレピッド隊の飛行機は、漂流物と救命艇を認め、艦尾方向に一ないし二カイリにわたって重油が流れているのを報告した。

成田富雄水雷員は、魚雷戦闘のときは第一発射管員であるが、対空戦闘においては艦橋の左四番見張員で、十二サンチ双眼鏡につく。その担当は左舷正横から後部であった。「赤城丸が沈没して、女子供たちが後部甲板から海に投げ出される様は、今日なお心に残っており、戦争がもたらす悲惨さをつくづく感ずる次第です」と回想する。
「赤城丸には沖縄への引き揚げ邦人約六百名余が乗船していた」とも、「五十二名の生存者があった」との資料もあるが、確認していない。
これまでの攻撃で赤城丸は沈没し、「香取」と「舞風」も大きな損害を受け、その戦闘力の大部分が失われている。引きつづいて行なわれる四次の攻撃で、「香取」と「舞風」が行動力を失ってしまうことになる。
まことに悲惨なことであるが、その最期が分からなかった多くの艦船にくらべれば、持ち場を死守し、壮烈な戦闘をくりひろげたことを明らかにでき、彼らの勇戦ぶりを遺族に知ってもらえるので、もって瞑すべしとたたえてやりたい。
一一〇八「野分」敵機四機ヲ発見
一一一一　敵艦爆、「香取」へ急降下、至近弾五以上命中
一一三七「野分」敵艦爆五機及十一機、二群ニ分レ来襲
十一時二十分ごろ、エンタープライズからの雷爆撃機四機は「香取」に集中し、千メートルの高度から十六発の四百五十キロ爆弾を投弾し二発が命中、艦首近くと右舷側とに各一発の至近弾があった。つづいて、十一機の爆撃機が各機四百五十キロ爆弾を投下し、艦首の至近弾により船体は振動した。つづいて投下した二発（以上）はミスしたが、艦速が大きく低下した。

沈没艦（赤城丸）位置の北西方向にあった救命艇に一隻の駆逐艦が近寄り、海中から遭難者を救助しようとしているのを認めたとあるが、行動できるのは「野分」だけであった。エセックスの十一機の戦闘機が各艦を攻撃したが、戦果は不明であったと報告。爆撃中隊は一隻の駆逐艦を攻撃し命中はしなかったが至近弾を得ている。これは、「野分」にたいするものであったかもしれない。

つぎに、アベンジャーに初めて搭載された「マーク一三型魚雷」で「香取」を攻撃し、魚雷一本が左舷中央付近に命中した。午後零時十五分ごろ、イントレピッド隊の爆撃機一機も爆撃し、艦中央に命中し損害をあたえた。七機のアベンジャー機がさらに二本の魚雷を発射し、左舷中央部と右舷艦首にそれぞれ命中し、この艦は速力が低下した。

この攻撃状況はまさしく「香取」炎上中の写真そのものである。よく見ると、水平線の近くに相当長いウエーキを出している艦艇らしいものが判読できる。この時期、高速で航行できた艦艇は「野分」しかない。

宇野砲術長と三井射手は「野分」が雷撃機の雷撃を受けたと回想し、筆者は魚雷攻撃をする航空機の魚雷投下状況がきわめて悪かったこと、それは「野分」に対するものではなかったことだけをはっきり記憶している。

「野分記録」には、魚雷攻撃を受けたことは載っていない。この両人も、筆者も海面すれすれに近接、至近で「野分」の舷側を同行で航過していった雷撃機があったという記憶は一致している。そして風防ガラスの中で、カーキ色の飛行服に風防眼鏡をしたパイロットの姿を見たことも一致している。筆者はこの若いパイロットが手を庇まで上げたように見えたことを想い出す。飛行中のアベンジャー機にその情景を見る思いである。「野分」を攻撃したのであれば、このような運動はしないと思うのである。しからばこの雷撃機は、どこを攻撃したのかという疑問が残る。

「香取」。同艦は米軍の執拗な攻撃のすえ、沈没した。左舷に魚雷の航跡が見え、水平線には「野分」らしきウエーキが見える。

「上空直衛に当たっていた直衛空母カウペンスの戦闘機十八機は、味方戦艦群の到着を待つ間に、航行停止していた香取の北三カイリ付近を高速で激しく避弾運動をしている野分を認め、攻撃した」

この攻撃は「野分」の記録「一一五二野分艦爆数編隊来襲投弾」と「一一五三野分艦爆三機以上、急降下爆撃」に該当する。

このことから「野分」は「香取」からわずか五千メートルほどのところにいたことが明らかである。

この時期、視界外を近接して北水道の東七十カイリに迫っていた戦艦群部隊があることは、もちろん知らなかった。スプルーアンス司令部は、敵船団上空にあった味方攻撃隊からの報告で「香取」「舞風」がほとんど行動力を失い、いずれも瀕死の状況になったことを確認したうえで、全攻撃隊に対し、これら両艦への爆撃中止を命じた。このことを結論的に言えば、この両艦はこの戦艦群部隊の射撃目標として残すためであったろう。

写真では魚雷の航跡は左舷側にあるから「香取」の左から近接、発射し命中させたことが明らかである。その向こう五千メートル付近にウエーキを出した「野分」がいる。このことから雷撃機は「野分」の脇を通り、その付近から「香取」に対し魚雷を投下したことになろうか。これを見て砲術長たちは「野分」が魚雷の攻撃をうけたと思い、筆者はその魚雷がおどって海中に入ったのを記憶している。これで両者の回想が同じものであったことになる。

筆者が記憶している「マーク一三型」の投下状況から、当時はまだ完成されたものではなかったことがうかがえる。その後、アメリカはこの魚雷を改良し、台湾沖以後の航空作戦では格段の威力を発揮する。このときの敵の魚雷攻撃については、後述のように楓島の「五五一空」の飛行隊長の見た状況の回想と一致する。

筆者はこのとき、あと六日で弱冠二十二歳である。白昼堂々たる航空攻撃、その物量のあまりにも多く、同じ世代の敵搭乗員の勇猛果敢さに仰天し驚き、ヤンキー魂の凄さを味わった。「野分」には、これを射撃する弾がもうなかったのである。

四艦隊の司令部と航空隊の腑甲斐なさについて縷々述べてきたが、なぜあのような愚かな、宴会をやっていたような航空隊があったのかという、信じられないようなことへの疑問を持っていた。

だから、在島の航空隊全部が士気弛緩の状態であったかのような記述になってしまったが、この時期になると、水上部隊とともに、あるいはそれ以上に現地航空部隊は酷使されていた実情を、ここに紹介しておかなければ苦労された航空隊の人たちに申し訳ないことになる。

その航空隊は、このとき負けたりとはいえ、それなりに奮闘し、その後も奮戦したのである。上級司令部のまったく場当たり的な航空部隊の配備変更のための犠牲者であった。

第五五一航空隊は、アンダマン、サバン、スマトラなど南西方面で充分に戦闘の経験を積んでいたが、トラック基地に進出を命ぜられた。

菅原英雄司令（兵五十五期・少佐）、肥田真幸飛行隊長（兵六十七期）は、この年一月二十日、新鋭機天山（艦上攻撃機）二十六機を指揮し、本拠地スマトラの北端コタラジャ基地発、シンガポールで後発の整備員、物資等の到着を待って三十一日、特設空母「雲鷹」（同隊の戦時日誌では「海鷹」となっている）に乗り組み、タラカンで給油のうえ、二月十一日（「武蔵」一行が出港した翌日、「野分」がラバウルから入港する前日）、トラック諸島に到達した。

練度も充分、意気軒昂たるものがあった。四艦隊長官の直率となり、配備基地は楓島と定められ、同じく南西方面から派遣された「七五三空」の一部の中攻（中型陸上攻撃機）十機も春島基地に配備された。

「天山」は、「雲鷹」から発艦不能のため団平船で竹島に運び、整備のうえ空輸することになり、翌十二日、隊長が楓島に着陸して驚いた。楓島は連合艦隊の乗員を作業員として急造し、直前に概成したばかりで、滑走路の両側にパークする以外に場所はない。実際に着陸に使用できるのは二十メートル程度で、「天山」の翼端すれすれとなる。

やっと二十機を空輸完了した十五日正午、

「本朝東方索敵中の七五三空の中攻二機未帰還、米機動部隊艦載機の電話傍受、明十六日早

朝敵来襲の算大なり。五五一空は〇四〇〇発九機をもって索敵を行なえ」

司令の温厚な顔が一瞬、引き締まる。

「一ヵ月、敵の来襲が早かったな」

敵が発見されなかったので、第四艦隊長官は早々に午前八時、第二警戒配備とした。そして九時に全機着陸したところで、十時三十分、第三警戒配備の電報を受けて内心ほっとした飛行隊長は、昨夜来一睡もしてない疲れで半日休めとした。

明けて十七日、うつらうつら夢心地の中、

「空襲！」

「発四艦隊長官、〇四二〇敵大編隊電探捕捉、五五一空はただちに発進、索敵を行なえ、戦闘機隊全機発進」

四時五十五分に宮里（照芳、六十九期）中尉機離陸、最後の機が五時二十五分、やっと離陸した。鍵和田（亮、六十九期）中尉機のエンジンが起動しない。宮里中尉機より、

「〇五四〇敵空母見ゆ、トラックの四十五度九十マイル、我触接中」

つづいて、「敵は空母二、戦艦四、巡洋艦十隻その他多数、針路五十度」と、適時適切な報告を行なってきた。この報告は艦には来なかった。

防衛研究所図書室に同隊の戦闘記録が残っているが、この情報は四艦隊司令部からわれわれ水上部隊には流されなかった。

敵戦闘機百機が、空を圧して来襲する。味方戦闘機隊は準備不足（弾未搭載）のため、やっと全四十機が発進、壮烈な空中戦が開始された。曳痕弾の赤い光は空をおおい、地上では

思わず声援を送る。

パッと赤い炎が出たかと思うと、黒い煙を曳きながら落ちていく、その間に二、三十個の落下傘が降下する。炎を吹くのは零戦で、落下傘は敵である。やっとエンジンのかかった鍵

トラック空襲から約2ヵ月後、米機動部隊は再度トラック島を攻撃した。写真は攻撃中のドーントレス急降下爆撃機の編隊。

和田分隊長の率いる三機は、離陸直前に敵戦闘機に発見され、目前で撃墜された。

敵の艦船攻撃のやり方を終始、目前に見る機会に恵まれた肥田飛行隊長は、とくに雷撃に注目した。敵の技量はじつに拙劣で一般に射距離が遠く、高度も高いため魚雷が海底接触するらしく、最初はなかなか命中しない。
二、三回と攻撃を積み重ねるにしたがい熟練し、五、六回目にはほとんどの船を撃沈してしまった。この光景を見ながら、物量作戦と経験による技量の向上を見せつけられた思いがした。
夕方になると、飛行艇が環礁内に着水し、落下傘降下した搭乗員を救出していく。肥田隊長の戦後回想（戦訓）は、つぎのとおりである。

「本朝来の出来事を振り返って、兵学校以来八年、種々の勉強もし体験してきたが、今日一日の経験に

は遙かに及ばなかったと痛感した。日本のやり方と根本的に異なる作戦思想を感じた。母艦搭載機の半数を戦闘機とし、戦闘機によりまず制空権を獲得後、銃撃および攻撃機により地上の飛行機を破壊し、つづいて飛行場を使用不能にした後、倉庫、燃料タンクなどを破壊し、商船まで一隻も残らず沈めるやり方である。

わが方はハワイ攻撃で見るとおり、攻撃目標は敵主力艦艇であり、攻撃のやり方も戦爆連合で戦闘機は攻撃機の護衛である。後方施設は二の次であり、とくに商船については目標とするのを恥と考える思想があったことは確かである。

今一つ根本的な違いは、搭乗員に対する考え方であるが、飛行機の設計から米国人は人命保護に重点を置き、座席はもちろん防弾装置を燃料タンクにも行ない、編隊一航過一撃主義とし、零戦のもっとも得意とするドッグファイティングを避け、またやられるとかならず落下傘降下し、搭乗員にサバイバル訓練を行ない、救出作戦を徹底的に行なう方針で、我が方のやり方とは正反対である。

人命尊重と人命軽視とまではいえないが、人命救助を考慮しない作戦計画のたて方、これが戦の進展にともない、我が方は経験のある熟練搭乗員が急激に減少し、戦の中、終期にはやっと飛べる程度の新人搭乗員のみで戦わざるを得なかったのに比し、敵は次第に経験者が増加し、これが航空戦の勝敗を決した一大原因であると考える。

この戦闘における司令官の判断はせっかく前々日に来襲を予知し、前日には索敵まで行ないながら、攻撃にたいする考慮、とくに在泊艦船の避退あるいは物資の分散などに対する配慮はまったくなかった」

敵の基地全般に対する攻撃は、まだ終了したのではない。米国側の攻撃資料は膨大なものがある。

しかし筆者は、これをもって敵の航空攻撃の記述を終えることにする。初日の昼間攻撃は第七波攻撃まで行なわれ、ついで夜間攻撃があり、さらに翌十八日も終日攻撃し、敵機動部隊は大戦果をおさめメジュロに引き揚げて行くのである。

が、その後の、第五波以降の航空攻撃の目標としては香取船団は除かれていたので、われわれは礁外から礁内の目標を徹底的に攻撃していたのを遙かに見つめていただけであった。

しかし、それはつかの間で、まったく予期していなかった敵戦艦部隊に捕捉されるという、つぎに示すような最大の危機に遭遇することになる。

砲撃からの脱出

「野分」は無傷であり、行動力がなんら落ちることがなかったので、その行動は激しくて、僚艦との関係を記録するひまがなかった。

筆者がとくに沈没に瀕していた「香取」「舞風」までの距離についてこだわるのは、航空攻撃の合間を見て救助活動をしたはずであったと思うが、なにしろ五十年前のことであるので記憶が薄くなり、僚艦の救助をどのようにしたかが気になるためである。

アメリカの攻撃記録から、「野分」は、「香取」から約五ないし六千メートルの付近で「香取」を守り、敵の攻撃が引いたので、その合間に、損傷した旗艦を心配して近寄り、あるいは司令駆逐艦より前出の近寄れの命令をうけ、隊司令の「野分」への移乗準備をしたことになる。

しかし、近接中のスプルーアンスの率いる戦艦部隊の出番が数分後に迫っており、瀕死の「舞風」から隊司令部の移乗は、いうべくして困難なことであった。今でも僚艦の乗員を救助できなかったことが最大の悲しみである。

最高指揮官スプルーアンスは、メジュロ出港前に旗艦を巡洋艦インデアナポリスから戦艦ニュージャージーに変更した。

航空攻撃と並行して、トラック環礁外に逃げ出す日本の艦船を捕捉、撃滅するため掃討作戦を実施する。この戦艦群は十七日午前九時二十三分に空母部隊と分離し、北水道の東側からトラック環礁外を北からはじめて左回り、添付図に示す行動をとった。上空護衛のため空母カウペンスから直衛のグラマン戦闘機が派遣された。

遭遇するであろう日本の艦船は、航空攻撃にさらされ、または、損傷しているものと考えて、余裕のある、いうならば片手間の作戦遂行であったろう。この戦艦群が北水道の東七十カイリの海域に近接していた時期、赤城丸はすでに航空機により撃沈されており、海面からその姿を没しているので、この商船のことはこれからの米側記録には出てこない。「香取」と「舞風」も共に航行不能の状態にあったが、「野分」だけは無傷で行動の自由を保持していた。

二月十日、スプルーアンスは中将から大将（すぐなれるわけではないらしい、身体検査に合格する必要があったようである）に昇進している。その前日、旗艦を新造戦艦ニュージャージーに変更しているのは、事前の航空偵察により環礁中の泊地に連合艦隊の「大和」クラスな

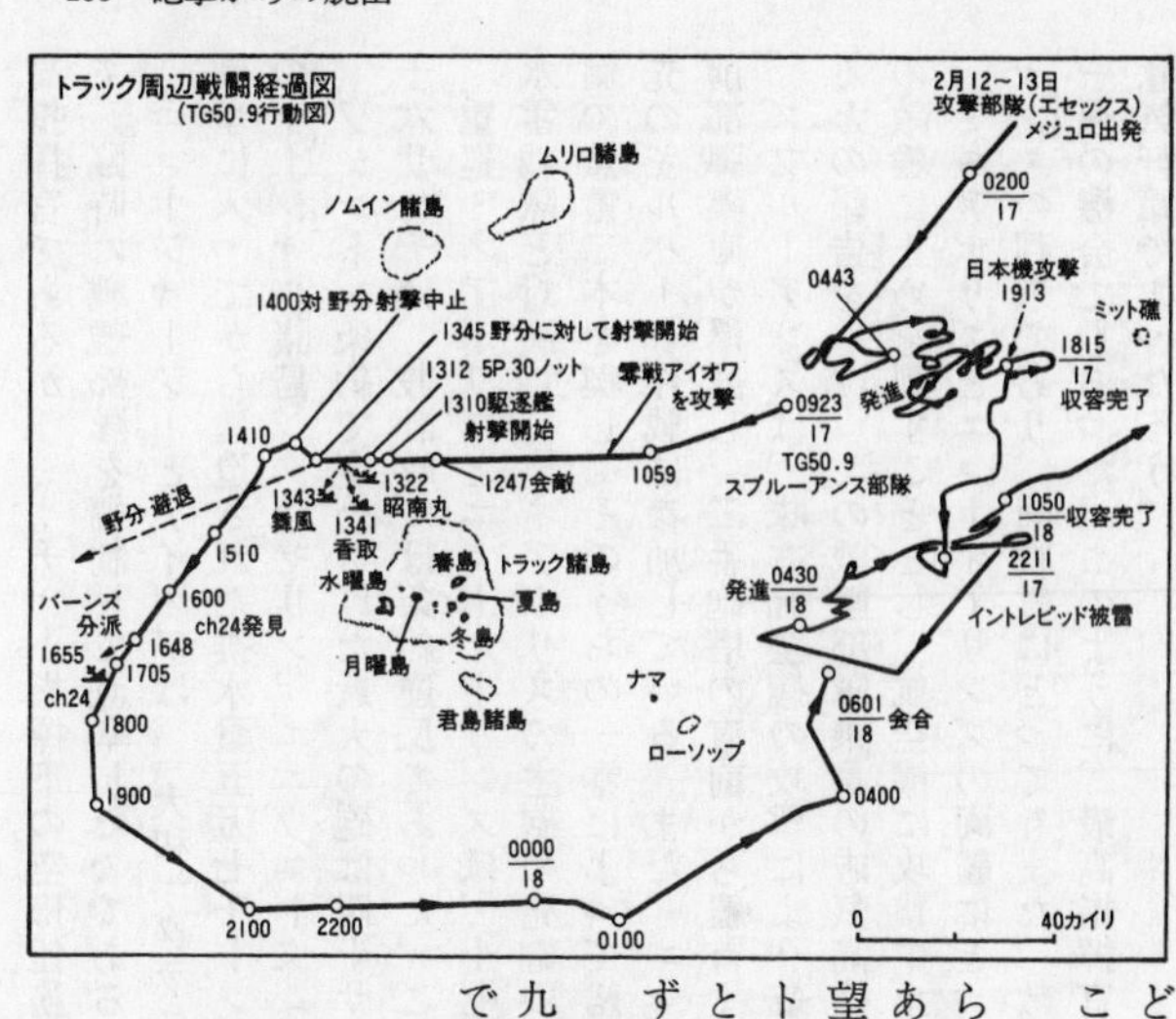

ど多数がいるところを捕捉できると思ってのことであった。

ミッチャーの空母部隊が攻撃を開始したならば、日本艦隊は環礁から外洋へ出てくるであろう。それを待ち受けて一戦を交えたいと望んでいた。四十サンチ砲、速力三十二ノットのニュージャージーは先頭にたって戦うことになるであろうから、スプルーアンスはみずからこの戦闘に参加したかったのである。

この直率の戦艦部隊の正式名称は第五十・九任務群であるが、その編成はつぎのとおりである。

戦　艦　ニュージャージー（旗艦）、アイオワ
巡洋艦　ミネアポリス、ニューオーリンズ
駆逐艦　ブラッドフォード、イザード、チャーレッティ、バーンズ

スプルーアンスは、ヘイルストン作戦の最

高指揮官であるが、ミッチャー指揮下の空母任務群のなかの戦艦、巡洋艦と駆逐艦を抽出して、臨時に戦艦部隊を編制して直率したのである。彼らがよくやることである。

ニュージャージーとアイオワは、「大和」クラス（速力二十七ノット）に対抗するために、戦争に入ってから建造された排水量五万七千トン、速力三十二ノットの高速戦艦、二週間前のマーシャル諸島、クェゼリン、エニウェトク（ブラウン島）の攻略作戦が初陣であった。ワシントン条約で定められた最大の砲は四十サンチである。後述する「大和」クラスの四十六サンチは、設計時には条約違反であった。この砲弾一発の重量は約十一トンあった。

重巡ミネアポリスとニューオーリンズは、十七年十一月の「ルンガ沖夜戦」においてわが水雷戦隊と対決し、ミネアポリスの主砲の発砲によって火蓋が切られたが、みずからは日本側の魚雷二本を喫し、そのうちの一本によって艦首部を失い戦列を離れていた。修理完了後、先のギルバート作戦に参加している。また、ニューオーリンズもこの夜戦で魚雷一本が命中、前部弾薬庫が爆発し、二番砲塔の直前から艦首までの部分を失ったという戦歴があった。

スプルーアンスは、味方航空機の攻撃により航行不能に陥った損傷艦が艦隊の行く手にあるとの報告をうけ、この戦艦部隊乗員の志気高揚のため、みずからの直率部隊の砲撃で瀕死の敵艦に止めを刺すこととし、航空機に攻撃中止を指令したのである。

ミネアポリスとニューオーリンズの両艦にとっては、恨み骨髄の日本艦艇の捕捉攻撃のチャンスの到来であり、両戦艦にとってもまた、敵水上部隊を四十サンチ砲で撃滅できる千載一遇の機会でもあった。このように、最高指揮官以下のすべての乗員たちは敵愾心に燃えて意気軒昂であったろう。

この米艦隊は、日本の艦の存在が伝えられる海面へ航走中に日本機が一機現われ、アイオワのすぐ近くに爆弾を投下した。ムアー参謀長は、敵の航空部隊による攻撃を憂慮して対空防御の輪形陣に変更しようとしたが、スプルーアンスは、「われわれは対空戦闘をしに来たのではない。敵の水上艦艇を撃滅しようとしているのだ。このまま単縦陣で行く」と答えている。やる気満々である。

北水道の真北に来た十一時四十七分、戦艦の観測機が艦首二十五カイリに敵艦のいることを伝えた。そこから見る暗緑色の円錐形のトラック島は、素晴らしい眺めであった。この島は海底火山の頂上が海面上に出たものだ。高さは海抜四百五十メートルである。海抜六メートル前後に過ぎないギルバートおよびマーシャル諸島の島々とはいちじるしい対照をなしていた。

さらに西進して、北水道の北西十五ないし二十カイリに近接した海面で日本の船団と遭遇した。一番近くにいたのは三百五十五トンのトロール船改造の特設駆潜艇の第十五昭南丸で、その十五カイリ向こうに大損傷をうけ、瀕死の「香取」と大型で新鋭の「陽炎」型の「舞風」とがあった。

米軍が最初巡洋艦と判定した「野分」は、これらから離れたコース上を航走（原文ではエスケープ）していた。

スプルーアンスの伝記作者ブュエルは、長官がこのような強力な部隊でこうした行動をとった意図は不明であるが、アメリカの海軍力が非常に強力であることを日本軍に誇示するにあったかも知れない、と述べている。

一二〇四「野分」、艦尾カラ機銃掃射ヲ受ク

正午を四分過ぎたころ、艦尾方向からのこの戦闘機の機銃掃射を最後にして、敵の航空攻撃が止んだので戦闘中止が下命され、「野分」乗員一同は安堵し、ひと息ついた。

守屋艦長は、つぎの航空攻撃にそなえて昼食をとるようにした。そして、甲板に散在していた薬莢（やっきょう）の後かたづけと弾薬の補充、負傷者の手当を命じている。主計科の烹炊員長大日方主計兵曹と中山主計兵が、大きなお握りと沢庵切れを持って来てくれた。なにしろ朝食なしの遅い昼食だったのでおいしかった。

戦闘配置の機銃砲台から艦橋にもどった筆者は、本職の通信士任務である「戦闘記録」の整理にかかったころ、艦橋では艦長が砲術長、航海長および水雷長と「舞風」の救助を検討していた。筆者の受け持ちの航跡自画器のペンの跡は団子のようになっていて、判読できないことを強く記憶している。それほど行動が激しかったのである。

敵の航空攻撃が止んだのは、近接中の敵戦艦群がその進路上に瀕死の「香取」「舞風」があることを知り、これに対する砲撃を行なうのに邪魔となる味方の航空機を後方に退げたものである。

知らぬが仏とは、まさにこのときの我が艦のことであった。戦艦部隊の接近についての情報は、それまでまったくなかった。

この間、第十五昭南丸はわれわれの視界の外を北方から基地に向け航行中であった。十二時十分に直衛の駆逐艦群による砲撃と、つづいてニュージャージーの十二・七サンチ砲の砲撃で、この艇は十七分後に撃沈した。

この砲撃戦は水平線外の彼方であり、使用艦砲が駆逐艦などの豆鉄砲という小さなもので、そのうえ攻撃の敵航空機にだけ気を取られていて、われわれはこれに気がつかなかった。

一二二六　右一六〇度水平線上敵戦艦、大巡各二隻ヲ発見

十二サンチ双眼鏡についていた艦橋右舷後部担当の三番双眼鏡見張員が、右艦尾方向、水平線の向こうに敵戦艦と大巡（大型巡洋艦）を発見して報告してきた。

艦橋にいた誰もが、まさかと思いながら見張員の報告してきた方向に目をやり、水平線の向こう側に大型艦数隻を確認した。真昼間であるからよく見える。だから恐怖は倍加する。

一二二三　敵戦艦、大巡発砲

水平線の向こうで甲板以上を見せている敵大型艦の発砲火炎を認めた。オレンジ色の火炎であり、筆者も十二サンチ双眼鏡でよく見ると、進路をこちらに向けて進行中に見えた巡洋艦らしいやや小型な二隻からのものであった。その左方向に単縦陣の戦艦と識別できた大型艦二隻、やはり水平線の外にあったが、この戦艦はまだ発砲していない。駆逐艦は小

アイオワの前部主砲砲台群、3連装16インチ砲。左は旗艦ニュージャージー。この砲塔が日本艦艇に対して猛然と火を吹く。

型なので、マストが見えるだけでその数は確認できなかった。

総員が初めてお目にかかる敵水上部隊、それが戦艦の大群であった。まさしく「真昼の決闘」のシーンそのままであった。敵の砲撃は航行不能となっていた「香取」と「舞風」に集中していた。

身の毛がよだったのは筆者一人ではなく、盛んに発砲している光景と発砲のオレンジ色の閃光にたいする何とも形容のできない恐怖は、半世紀たった今でも脳裏に焼きついている。

戦艦群の艦型を判別したが、敵艦艇の識別図にもない艦型である。まさか日本の大和級戦艦に対抗して新造された戦艦ニュージャージーとアイオワであるとは知るよしもなかった。

添付の写真はアイオワの前部主砲砲台群、三連装四十サンチ砲で、このようにして我が方に向けられてきたのである。遠方は「野分」を砲撃することになる旗艦ニュージャージーである。水雷長は魚雷を発射するように艦長に進言し、「魚雷戦用意」を発令したが、発射できるような状態ではなかった。戦闘記録にも、「魚雷発射」のことは記載されていない。

一二二五「香取」ニ砲弾弾着
この「野分記録」は、「香取」にたいする挽歌である。

スプルーアンスは、針路二百七十度、戦闘速力三十ノットで航走中の両巡洋艦に左舷方向で停止炎上中の「香取」に接近し、撃沈するよう命令していたのである。一万七千メートルまで近接し、まずミネアポリスが、つづいてニューオーリンズが一斉射撃を開始した。

「香取」は航空攻撃により大被害をうけ、水中に艦首を突っ込んでおり、その備砲のほとんどが破壊されていたけれども、高角砲と後部の十四サンチ砲から反撃の射撃をしたとの記録がある。

このとき「香取」の発射した魚雷がニューオーリンズ近くの海面上で認められ、アイオワの艦尾のきわめて近くを航走し去ったという。

これを知って敵愾心に燃えた両艦は、「香取」にいっそう熾烈な射撃を加え、命中弾が数発あった。「香取」は艦首も艦尾も共に炎につつまれ、なお有効ではなかったが発砲し、ミネアポリスの五十メートル近くに四発の弾着があり、その断片が近くに落下した。

米国のこの記録については少々疑問を感ずる。「香取」が残りの大砲で射撃はできたかもしれないが、あの惨状では、いかに勇敢であっても魚雷を発射できたとは残念ながら考えられない。

「香取」は十三分間にわたる両巡洋艦の射撃で左舷に転覆し、ついに午後零時三十七分に沈没した。艦底に大きな破裂穴が認められたと記録にある。

一二二六　「舞風」モ艦砲射撃ヲ受ク

これもまた野分戦闘記録員が遺した「舞風」への挽歌である。

つぎつぎに撃沈される僚艦の状

トラック泊地脱出を図って米艦隊に捕捉され爆沈する日本艦船。右後方はアイオワ級戦艦。重巡ミネアポリスより撮影。

況を見ながら、記録係はどんな気持ちで記録したのであろうか。

近くにいた「舞風」に激烈な砲火が指向され、「落伍していたこの駆逐艦は、窮地に落とし込まれた。上空で旋回しながら、警戒哨戒中の航空機は舞風の艦首方向に回っていったとき、舷側近くではじけるような音に気がついた」とある。

パイロットたちは薄く、白い、気泡のウエーキの魚雷を認めて水上部隊に直接無線で、「魚雷が近接中」と通報した。アイオワの砲術員が見つけて四十ミリ機関砲を発射し、その位置を示した。アイオワは速力をあげ、面舵をとって回避し、一つは艦首方向百十メートル、他は艦尾十メートルを通過した。

そしてアイオワとニュージャージーが「舞風」に対して十二・七サンチ砲を発砲し、艦首から艦尾まで炎上させた。燃料が燃えつづけ、その海面から凄い黒煙が立ち上がった。

この艦は壮絶な砲撃をうけたが、最後まで反撃をつづけ火炎につつまれて爆発した。船体は両断して、まず艦尾部分から沈没し、午後一時四十三分にはその姿が完全に海面から没した。

開戦以来、共に苦労し戦ってきたその勇姿は、深い深い海底に沈んでいった。沈没位置は定かでないが、北水道の北西近海である。

「舞風」の魚雷発射については、上空にいたパイロットが大きな音を聞いたので、見たら航跡が見えたというものである。魚雷の炸薬に引火することを避けるため、捨てたのではないかと仮定するならば納得がいく。

添付の写真はミネアポリスから見たアイオワ（右）と炎上中の日本艦である。この艦が

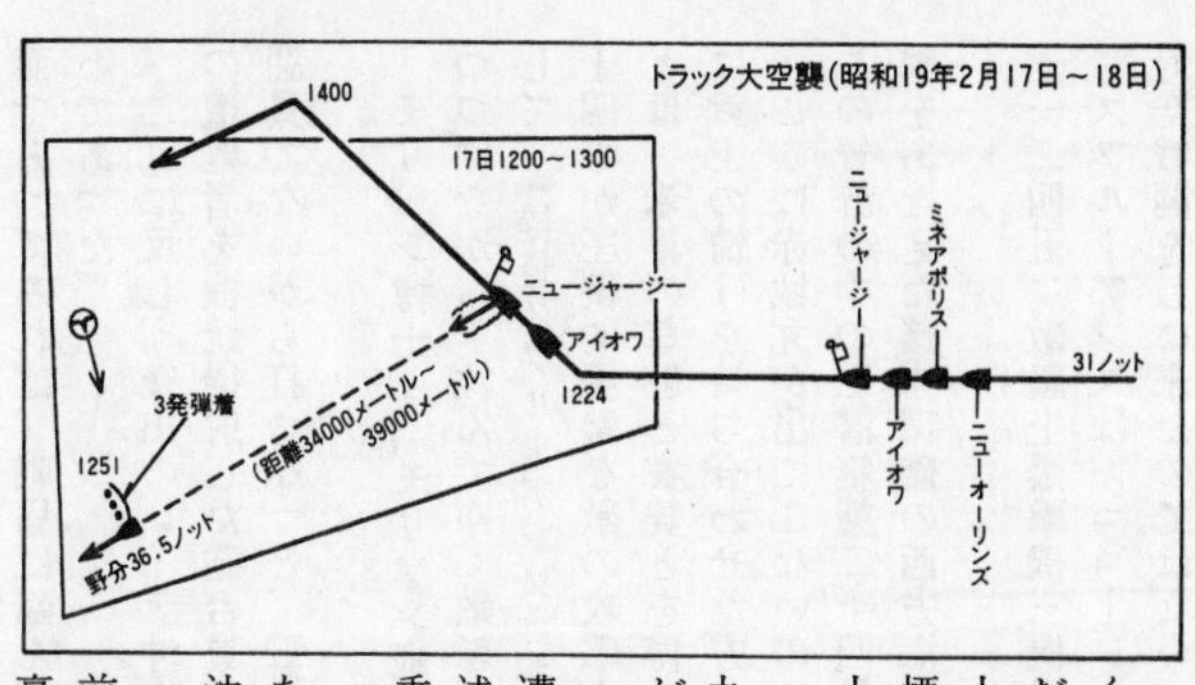

「香取」か「舞風」か、あるいは第十五昭南丸かの説明はなく、ただ「五インチ砲の命中で激しく黒煙を上げている」とだけの説明であるが、「香取」の前掲の沈没直前の写真の炎上状況とも、別に残っている第十五昭南丸のものとも違う黒煙の上がり方である。本文の記述「海面から凄い黒煙が立ち上がった」に当てはまるのは、この「舞風」以外にはない。

野分戦闘記録と米国側の記録を総合して、所見をまじえて九時間の死闘を再現したが、その最期はいかにも悲壮で、胸が詰まる思いである。

「香取は、三隻の救命艇で約百五十名がやっと脱出できたが、遭難者は直衛戦闘機二機によって猛撃された」との米側の記述がある。「香取」の生存者がいなかったことからすると、乗艇した総員がこの戦闘機により射殺されたことになる。

また、「舞風の脱出者を米艦隊は認めていなかった」ともある。このときから九ヵ月後、「野分」がレイテ島沖海戦で沈没することになるが、やはり生存者はなかった。

敵側にもこのような人道に反したことをした者もあったし、前出の「ダンピール沖の悲劇」時にも、我が船団の遭難者を豪州空軍が機銃掃射したとあり、敵愾心に燃えていた戦闘場面であってみれば、戦場に臨んだ者としては一概に非難できないことで、まことに残念なことであった。

これに反し、後出のレイテ沖海戦時に、「大和」部隊などが撃沈した敵空母ガンビアベイの遭難者を機銃掃射した砲台員にたいし、「大和」艦長森下信衛大佐は、「泳いでいる者は戦闘員でないから打つな」と、「射撃止め」を令したという。

モリソン博士は『モリソン戦史』の中で、「スプルーアンスもムーア（参謀長）も射撃をつづけながら、沈んでゆく敵艦の姿を悲痛きわまりない思いを持って見まもっていた」、そして、『提督スプルーアンス』を執筆した元海軍士官ブュエルは、「香取、舞風、駆潜艇第二十四号が圧倒的優勢な敵の攻撃を受けながら、最後まで挙艦一致して任務に忠実であったことは、米軍の尊敬と賞賛とを博した」と、いずれも最大級の賞賛をもって追悼している。共に武士の情けを持ち合わせた方々と感謝している。

ここに赤城丸が出てこないのは戦艦部隊が到着する前に沈没していたためである。また、この賛辞の中の駆潜艇第二十四号については後述するが、戦艦群が「香取」船団に手痛い打撃をあたえた後、環礁の西方海面に進撃したとき捕捉されて撃沈されたものである。

一二四五　敵艦上爆撃機三機発見

スプルーアンスは、ニュージャージーに座乗して前述したとおりの強い指示「われわれは対空戦闘をしに来たのではない。敵の水上艦艇を撃滅しようとしているのだ」とのみずからの考えに従い、旗艦先頭の単縦陣とし、アイオワ、ミネアポリス、ニューオーリンズの四隻が針路二百七十度、戦闘速力三十ノットで進撃した。護衛の駆逐艦四隻は別動してわれわれに近く進撃したのであろうか、行動図には記載がない。

味方航空機から、水平線の彼方を日本の駆逐艦一隻が退却中であるとの報告をうけたスプルーアンスは、レーダーの測的で、この駆逐艦が距離十七カイリ、針路は西方向、速力約三十一ノットであることが確認された。スプルーアンスは両戦艦にたいし、飛行機の弾着観測によって攻撃を加えるように命じ、左砲戦（左舷側での射撃）とするため添付の行動図に示すように、午後零時二十四分に右に転舵したのち、自ら乗艦ニュージャージーに砲撃を命じた。

射撃目標が水平線の向こうにあったので、三万四千から三万九千メートルでの大遠距離射撃となり、巨大なこの艦の四十サンチ主砲の射角は最大となる。

「この大型の戦艦は、発射のたびごとに目に見えない壁にぶつかったかのように震動した。主砲の巨弾が弧をえがきながら、約三万メートルの彼方に飛んでいった。敵の駆逐艦は海上から見えない位置にいて、西方に逃走していた」と記録されている。

米側の戦闘記録を通読して判断するに、ニュージャージーは、この直前に十二・七サンチ砲で射撃したが、両戦艦の主砲にはまだ発砲の機会がなかったことが分かる。そのうえ、逃走している「野分」との距離は射程限度一杯であったので、旗艦だけがまず試射（試し撃ち）をしてきたと思われる。

三十ノットで接近するが、「野分」は限度一杯の三十六ノットを越える速力であったから、

「射撃距離はどんどん開いていき」、目標がまもなく射撃圏外に脱出する態勢となったので、試射のままで射撃を中止してしまったのであろう。

アイオワと両巡洋艦は、僚艦の射撃状況を固唾を飲んで見まもっていたが、これらの艦には射撃の絶好の機会はやってこなかった。

一二五一　敵主砲弾三発、右九十度三百メートルニ弾着

この試射の初弾の弾着はまったくの至近であり、三発が右正横三百メートルに弾着した。距離は正確であったから、いつ命中するのかと恐怖が身内を走った。

砲戦術では射撃をはじめる場合に、射撃諸元（射距離、的針、的速、風速・湿度・気温などの当日修正）を射撃盤（アナログ式）に調停すると、方位角、射距離が自動的に出て、これで発砲するわけであるが、まず試射をしてその弾着を見て「本射（ほんしゃ）」に移るのである。これを「初弾観測・急斉射」といった。ニュージャージーの場合は弾着が三発であったから、三個砲塔あるうちのいずれかの砲塔の三発を試射したのであろう。

中部機銃砲台にいた筆者から見ると、「野分」の約三十メートルあるマストよりはるかに高い水柱が船体を覆うようになり、日露戦争・日本海海戦の砲戦画に描かれているものを想像していた筆者にとっては驚きであった。

四十サンチ砲弾の弾着の水柱の高さは約百メートルであるというから、弾着水柱のしぶきは艦橋までかかり、上野将航海長が、「通信士が中部の機銃砲台から艦橋に上がってきたときに、戦闘服の雨着がびっしょりであった」と述べている。

また、艦橋の上の天蓋（てんがい）で対空射撃の指揮をしていた宇野砲術長は、「挟叉した巨大な水柱

が目に浮かびます。弾着が挟叉しだすと、この状態を下駄をはくといったが、命中は時間の問題になり、この次は当たるのではないかと思いますと、首筋が寒くなったのを今でも覚えています」と回想するほどの物凄さであった。

この弾着の水柱には色がついていたという。射程限度の三万メートル（大和のは四万メートル）近くになると、弾の落角が垂直に近づき、挟叉してもなかなか当たらない。そのときはそのようなことが思い浮かばなかった。

至近弾のうちの一発の弾片が、右舷側から第二番魚雷発射管の盾を破って飛び込み、配置に就いていた若い伝令の杉崎甲一等水兵の頭部に命中、即死した。彼は士官室の従兵であった。

大井正信掌水雷長が下顎の先端を、連管長の斉藤正志兵曹が右下肢側に重傷を、そのほか四、五名も負傷した。

このような態勢において、ただ一隻となった状態で、この戦艦群に向かい突入することが果たしてできただろうか。航海長が艦長に、「（敵に向かう方向に）反転しますか」と進言すると、艦長は黙って避退方向を手で示したとも回想する。艦長の判断はきわめて適切であった。

筆者がリンガ泊地に進出してこの艦を退艦し、つぎに乗った駆逐艦「桐」で、同年十二月、「野分」が行方不明になった後のレイテ島作戦の末期に、この島に逆上陸させる陸軍部隊を護衛したが、島の反対側のオルモック湾内で夜間、敵の駆逐艦からのレーダー射撃を受けた。

このときの砲術長（宮内水雷長と同期の竹内芳夫氏）が、「一方的に叩かれるだけの戦況を避けるのは海戦の常識である。避退しなければ敵の利益になる」と言われていることを思い出す。

オルモック湾のときは敵の駆逐艦の豆鉄砲であったが、トラック島沖では最新鋭戦艦の巨砲であった。筆者はこの大戦で、敵の艦砲射撃を二回受けたことになる。

機関科は引きつづき罐の蒸気圧力一杯で二軸の推進軸を回転させ、艦は三十六ノットを越える超高速力で避弾運動をつづけ脱出にかかった。

高速力で長時間走ると燃料が枯渇してしまうが、ともかく戦艦の砲撃距離圏外に出なくてはならなかった。複雑な避弾運動を長時間していたので、筆者の担当であった航跡自画器の用紙上の青いインクの跡が団子のようになり、横須賀に帰り戦闘報告を出すときに航跡の作図ができなかった。

艦橋の見張甲板（ブルワーク）の十二サンチ双眼鏡で、目を皿のようにして見つめていた吉沢修一信号員（蒼龍で救助された）から午後一時に「射撃止ム」の報告があり、飛行秒時（砲弾の飛ぶ時間。正確なる資料は手元にないが、「大和」では四万メートルで約八十秒という）の後、「右艦首ニ、至近弾一ガ落下」したのであった。米側行動図にもこの時刻に「射撃止メ」と記録されている。

この信号員の甲高い声の報告が緊張を倍加し、艦橋をつき抜けて各配置への伝声管（ボイスチューブ）から艦内におよんだ。信号員の報告はつづく。

「敵戦艦トノ距離三万メートル、五分アレバ射程外ニ出ル」

「アト三分」「アト一分」「アト三十秒」「アト五秒」

息も詰まる数分間であった。最後に、透る声で「ジャスト」の一声で、何か知らぬが安堵感が頭を横切った、と艦橋への伝声管に耳を押しつけて艦橋の状況を聞いていた斉藤電信員長。戦艦の射撃は終わった、と総員が安堵した。

このとき、その後に敵航空機の攻撃があるなどとの配慮はすっかり忘れ、さらに敵の射程圏外に出ることだけに総力が注がれた。結果的にいうならば、主砲弾三発の洗礼だけで終わったのである。

この状況を「一斉射撃の弾丸を逃れていった」と米側は記述している。「野分」はこのときは三十六ノットであったから敵との速力差が六ノットあり、機関限度で高速を維持した嵯峨機関長以下の機関科員のおかげで命拾いした。

敵のレーダー射撃は距離においてきわめて正確だったが、わが守屋艦長と上野航海長のコンビの避弾運動が的確で、しかも射撃距離が最大であったから回避の余裕が得られたこともあり、弾着の方位において少しはずれた。

初弾が弾着した九分後に射撃が終了したことになるが、しかし、ずいぶん長い時間であったと感じていた。このようにして、一方的なニュージャージーの四十サンチ砲の射撃は終了した。洋上では目標とされるのが自分しかないというその恐怖は、陸上のそれとは異なるものである。

午後一時十二分に、右九十度の雲中より急降下の敵戦闘機の機銃掃射があり、つづいて十八分に、「右九十度、二万メートルニ敵飛行艇六機発見、味方商船一隻被弾沈没」との記録がある。

この被害船がどれであったか記憶していないが、前述したように陸軍を輸送して北水道に近接してきて撃沈された二隻の商船、瑞海丸か辰羽丸のいずれかであろう。

また、発見した敵の飛行艇六機は、この作戦で撃墜されるパイロットの救助用であったろう。このような準備をしているから作戦に参加する米搭乗員の士気は高揚された。そして、救助潜水艦も配した万全の備えであった。開戦時の真珠湾の攻撃時に配したわが潜水艦二十五隻には、撃墜された攻撃機搭乗員の救助任務があたえられたが、戦争末期にはそのゆとりはもうなかった。

その後、「野分」に指向された敵の航空攻撃はなかったのが幸いした。

当時は、なぜ攻撃をつづけなかったのであろうかとの疑問すら思いもおよばなかったのである。一方的な敵戦艦部隊の攻撃に対しては「敗残の将兵を語らず」の譬えのとおりであるが、顧みて付け加えるならば、敵戦艦群の射撃の弾数はずいぶん多かったという記憶であるが、『野分行動調書』にはわずか三発であったのにはいささか驚きである。

このことについて、米側の記録に解明すべき資料がないかと長い間心がけたが、なかなか発見されなかった。

昭和六十三年十一月、トラック島の戦跡を慰霊訪問したさい、現地で求めたつぎの出版書のいずれにも載っていた記事が、強く筆者の目をとらえた。これで永年抱いていた疑念が氷解した。

・Shipwrecks of Truk (by Rosenberg)

・Ghost Fleet Of The Truk Lagoon (by Stewart)
・WWII Wrecks Of The Kwajalein and Truk Lagoons (by Bailey)
・Truck Lagoon Wreck Divers Map (by Bailey)

これらの書中に、「戦艦部隊が到着して、ただちに香取と舞風は処分されたが、野分は猛烈な対空射撃を実施しながら爆撃と雷撃を回避し、損傷はないように見え、高速で航走していた。野分は両戦艦の主砲群の砲撃にさらされ、一斉射撃（複数）を受けたが、捕捉されることなく逃走、脱出した」との記述が目についた。

敵は試射を射距離の限度一杯で行なったので、「野分」との距離が開いていき、これ以上の射撃は不可能と判断して中止したのであろう。

このとき以後のスプルーアンスの戦闘指揮は、普通なら航空部隊の出番を命ずるところであった。

「この艦の対空射撃が激烈で、正確であったので、これ以上の航空攻撃を行なうことを思い止まらせた」ともある。

このような敵側の評価を得た例は少ないであろう。「野分」としては最大の喜びであり、最高指揮官スプルーアンスの言葉として亡き戦友に捧げたい。戦闘中、パイロットたちが帰艦後、「野分」の対空射撃が正確であったことを報告し、それが即座にスプルーアンスに届いて、それ以上の航空攻撃をしても仕方ないと考えたのであろう。

「野分」は弾丸を陸揚げしていたので演習弾まで射撃し、無駄弾を打たなかったことが幸いし、一発の爆弾も命中しなかった。再度、航空攻撃をかけて来たならば弾丸は残り少なく、その結果を考えるならば背筋が寒くなる。

さらに、穿った見方をするならば、余裕ある作戦であり、一隻ぐらいの駆逐艦をこれ以上追いかけるよりは、むしろ日本のどこかに辿り着き、トラック空襲の成果を日本上層部に知らしめるほうが得策であると判断したのかもしれない。

『提督スプルーアンス』の著者ブュエルが述べている、「アメリカの海軍力が非常に強力であることを、日本軍に誇示するにあったかもしれない」との推測を改めて読んで、筆者のこの推測に近いものと考えるとともに、小艦艇の見事な対空射撃成果とニュージャージーの射撃を見事に回避した敵艦長にたいする提督個人の武人の情けであったと思いたい。

スプルーアンスは若いとき、ハルゼーとともに駆逐艦の操艦技量は抜群であった。だからそのようなシーマンの彼は、巨砲の射撃を見事に振り切った敵艦長のシーマンシップにたいし、畏敬の気持ちがちょっと働いたのではないかと、自惚れるのである。

指揮官がハルゼーであったなら、見事な対空射撃成果であっても、再度の攻撃をかけたであろうが、スプルーアンスは智将としての彼の健全なる軍事判決以外の、殺すには惜しい敵艦であるという憐憫の情も作用したのではないか、と筆者は思うのである。

スプルーアンスは、もう敵の攻撃能力は消滅したと判断して対空の輪形陣に変換し、南西方向に進行したのであった。この後、トラック環礁の西方で、モリソン提督がその立派な最期を激賞した駆潜艇第二十四号を捕捉撃沈している。

ここで解明しておきたいことがある。米国側の航空攻撃記録には、「香取」も「舞風」も最後の一矢として魚雷を発射したことになっている。本当であるならば帝国海軍にとって一つの金字塔を打ち立てたことになるが、「香取」も「舞風」も、大被害のため船体が傾き、発射できるような状態ではなかったと筆者は推測するものである。この記述は、モリソン戦史の誤りであろう。

さらに米側記録にも、また、日本の戦記物小説のはしりであった『マリアナ沖海戦』に、この戦艦部隊にたいし、「野分」が魚雷戦を実行したというまったくの誤りの記述がある。「野分」は、この戦闘では魚雷戦をしたことはなかった。

このことは、左舷後部見張りであった一番連管員の成田富雄氏が、「魚雷戦用意の号令で艦橋の見張配置から駆け足で自分の魚雷戦の配置についたが、魚雷戦用意の解除だけがあり、一番連管は発射しなかった」と回想していることからも分かる。実在艦名をあげたこの小説の著者（吉田俊雄氏）は、「野分」が魚雷発射したと書いている。フィクションであると断わってあるが、「野分会員」でも誤解するものがあった。

この戦闘中、九時間以上も最大戦闘速力で走ったので、燃料タンクはいずれも空（から）となっていた。このような燃料の消費はだれも経験したことがなかったが、上野航海長が商船乗りであったから艦長に進言し、空になった燃料タンクに海水を注入して艦のバランスを取った。守屋艦長の前任地の父島で燃料を補給しなくてはということもあったが、嵯峨機関長が自分で燃料タンクを計測し、各タンクの残量を一個所のタンクに引きながら、横須賀に帰港するめどがついた。

そこで、どこに寄ることもなく、二十四日の未明に館山で仮泊し、夜明けを待って出港、午前中に横須賀に無事帰還した。低速であったので、七日を要している。『野分行動調書』には「二十日、一三〇五、山雲、浅香丸ト合同、横須賀ニ向フ」とあるが、記憶はない。

航海中の二十一日、大本営はつぎのとおり発表したが、この放送を聞いたかどうかも記憶していない。聞いているとしたらば、呆れ果てていたであろう。大本営の戦況発表はいつもこのとおりで、国民不在の軍部の責任は重大であったといえる。

「トラック諸島に来襲せる機動部隊は、同方面帝国陸海軍部隊の奮戦に依り之を撃退せり。本戦闘に於て、巡洋艦二隻（内一隻戦艦なるやも知れず）撃沈、航空母艦一隻及軍艦（艦種不詳）一隻撃破、飛行機五四機以上撃墜せしも、我方も亦巡洋艦二隻、駆逐艦三隻、輸送船一三隻、飛行機一二〇機を失いたる他、地上施設に若干の被害あり」

まことに、どのような意図での情報管理であったろうか。山本元帥も昭和十七年春（開戦直後）、旗艦「長門」幕僚休憩室で、軍艦行進曲入りの報道に不快感を示し、「公報や報道は絶対嘘を言ってはいけない。嘘を言うようになったら、戦争はかならず負ける。報道部の考え方は全然まちがっている。世論の指導とか、国民士気の振作とか、口はばったいことだ」と警告している。

このときの海軍省の報道部の第一課長は平出英夫大佐であった。この課長の発表、「我に艦五百隻と四千機の海鷲あり」と大見栄をきった報道に対し、当時、筆者はまだ兵学校の最上級生徒（一号生徒）で、航海科教官が『海軍信号書』を見ても使える艦艇はそんなにないぞと言ったことを今でも覚えている。

イギリスの時の首相であったチャーチルは、マレー沖航空戦での大損害を国民に実情を躊躇することなく知らせ、国民の奮起を喚起し、ドイツの攻撃を凌いだことは有名である。

空襲の二日目、朝日新聞紙上に、作家吉川英治氏の「敵のトラックにきたる日叫ばしてほしい」で始まる「大本営報道部に願ひ」という談話が載っていた。同氏はこのとき、東部ニューギニアのブナ地区で戦死した安田（義達）中将伝を執筆中であった。

すでに、戦局全般を見れば有識者には米軍の戦力の強大さと日本の無力さが明らかであった。しかし、戦局の実情を判断できない国民を動かす力にはなり得なかったことを、同氏は洞察していたのであろう。

「日日、われわれは国史はじまって以来の大戦役に当面している。がそのひろい戦局図をみわたすための知識はまだ幼稚だ。そこで大本営報道部はどうかわれわれの戦ふ力、闘魂を十分出せるやうにすべきだ。日本人は逆境に陥れば陥るほど、困苦にあへば困苦にあふ程強くなる国民ではないか。かの学徒出陣の日我が子の雄々しさに目を疑った親が如何に多かったかを想ひみよ」

この戦闘での戦死は一名であったが、負傷して横須賀海軍病院に入院のため退艦した三井機銃員によると、一緒に退艦したのは七名、大井正信兵曹長（掌水雷長）、斉藤正志兵曹（二連管長）と二連管員、機銃員の数名であった。

戦艦を発見したときの艦長の避退の決心と適切な避弾運動、長時間高速を可能にした高圧蒸気罐の威力と機関員の長時間におよぶ抜群の運転術、砲術員の「激烈で正確な射撃威力」

と、何にもまして乗員の一致協力と戦運が味方してくれたので、敵機の攻撃と敵戦艦の砲撃を回避し、一名の尊い犠牲を出しただけであった。

また、とくにスプルーアンスの武士の情けによる「爾後の航空攻撃を加えるのを見送った」のお陰で、無事に母港に帰着することができた。

電信室に敵機銃弾が飛び込んだので無線を発信できなかったのであろうか、横須賀との連絡がつかなかったので、横須賀に辿り着いたときは「幽霊が帰ってきたか」とみんな驚くやら、喜ぶやら。

なにしろ一番知りたい奇襲の状況、しかも敵戦艦部隊まで見てきたのであったから、その情報は貴重なものであった。敵の攻撃状況報告は、上層部の大きな関心事で、艦長、各科長が鎮守府や海軍省に出掛けたことを記憶している。

通信士としては行動記録の作成があり、敵戦艦群の艦型スケッチ（対景図）を画くのに苦労した。しかし、これらの努力も中央の指導に何ら役立たなかったのであろう。

宮内正浩水雷長が、桟橋で同期生たちに胴上げで歓迎されたこと、右の肘に小さな弾片が残っていて戦争が一段落してから抜いてもらうのだと語っていたことを、弟正信氏は兄から聞いたと回想する。

筆者も「佐藤も戦死したそうだ」と同期生たちの噂にされた。

横須賀海軍工廠では修理の余裕がなく、三菱の横浜ドックで緊急修理を行なった。船体に機銃弾の貫通穴が百個以上数えられたが、いずれもみな致命傷にいたるものではなかった。

「T事件」調査結果

この空襲が各方面にあたえた衝撃は大きく、トラックの頭文字をとった「T事件」として水雷学校長・大森仙太郎少将を団長とし、海軍大学校から直井俊夫大佐、航空本部から池上二男中佐（いずれも当時）などによって三月下旬、約一週間、現地において調査が行なわれた。

小林仁司令長官は空襲中の翌十九日に原忠一中将と、四根司令官若林中将は有馬薫少将とそれぞれ交代したので、当事者のいない調査であった。

長い間、その記録は何も残っていないと思っていたが、厚生省にその「T事件調査派遣」の関係資料があった。この調査は「査問的性格を帯びた戦訓資料収集のための調査」であったが、戦後の将官反省会の結論として、当時の調査団長であった大森仙太郎元提督の回顧談が『公刊戦史叢書』関係版（原本は厚生省保管）に、その最重要点が省略されて載っている。

「調査の結果、細部においては多少査問に付すべき事項もあったであろうが、大局的にみてこの少ない兵力をもってあの大攻撃に対処するには、誰が作戦指導をしても、大同小異の指導であろうというものであった」

この時、大森団長は途中サイパン島で玉砕前の南雲長官（ハワイ空襲とミッドウェー海戦の最高指揮官で、このとき中部太平洋方面艦隊長官）に会い、意見をたずねた。

「乃公（だいこう）がいてもやられたろうな」

とのことで、腹が決まったと回想している。

これは戦後の将官反省会でのことであった。筆者はこのような反省会そのものにいささか失望している。

第四艦隊の司令部と在島の航空隊の腑甲斐なさについて縷々述べてきたが、なぜあのような愚かな、宴会をやるような航空隊があったのかという、信じられないようなことへの疑問も持っていた。最近、この筆者の疑問に答える古い資料がみつかった。

前出したように、スマトラ島から遠路このトラック島に来着した直後に、この空襲に遭った第五五一航空隊の肥田真幸元飛行隊長（兵六十七期）らの体験記に、とくに筆者の注意を引いた回想がある。

整備長（機四十四期、当時大尉）の回想によると、「第四艦隊司令長官は、索敵の結果報告を聞くと、待っていたように間髪を入れずに第一警戒配備から第二警戒配備に、ついで戦地での平常配備での第三警戒配備に復した。

仄聞（そくぶん）ではあるが、南東方面の激戦地を視察した陸軍参謀本部と海軍軍令部の次長一行が内地への帰途、トラックに立ち寄ったので、十六日の夜、夏島で慰労の宴を催すため、警戒配備変更があったらしい。第一線部隊を第一警戒配備にしたままで、最高司令部で宴会でもあるまいからである」

肥田飛行隊長は、

「四艦隊長官は、即日、原中将に更迭されたことはもちろんですが、司令部は内地から偉い人が来て宴会をやるために平常日課にしたとか噂が流され、あからさまに司令部を非難する言動をする兵隊が出ます。戦地では上層部の行動がただちに、部隊の士気に影響するのだと痛感した次第です」

トラックで流れたこの噂の真偽は筆者には判定できなかったが、現地部隊責任者の回想であり、宴会をやるような航空隊があったとの現地部隊員の回想記があることからも、おおむね間違いないと思ったのである。

この時、陸軍参謀本部次長にお供したのは、当時陸軍で飛ぶ鳥を落とす勢いの課長服部卓四郎大佐、部員瀬島龍三中佐であったことが、瀬島氏の著書にある。

筆者は、最近、同氏にこの間の状況について手紙で尋ねたところ、丁寧なご返事をいただいた。そのような「官官接待」はなく、陸軍単独での視察であったことがわかった。したがって、これら現地での噂は単なる噂であったが、それは前述の風説と大森調査団の報告に追記されている。

「前夜料亭に泊まっていた士官などもあって、全般的に敵の空襲にたいする警戒が弛緩していた傾向はあった」

ということから発したものであろう。あまりにもお粗末な、情けないことで、日本海軍最大の恥部であったといっても過言ではない。

筆者は、このように陸軍の最高中の最高指導者たちがこの空襲を身をもって体験し、米艦隊の強力さと士気の高さを実感したのに、その戦争指導（陸軍での戦争早期終結）に反映させなかったのは如何したのか。

この秦次長と服部課長、瀬島部員たち以外に強力な中堅の下剋上パワーがあったことを最近発表された故秩父宮が終戦直後に残された未発表の原稿文にあることを読んだ。これらは終戦直前に秦次長と瀬島部員の関東軍への転勤までつづいたのである。

心胆を寒からしめられたニュージャージーとアイオワについては、「野分」にとって、さらに重大な後日談がある。

これら米両戦艦は八ヵ月後の昭和十九年十月二十六日の午前零時十分、サマール島沖で「野分」を再度捕捉し、これを撃沈している。このときの最高指揮官はハルゼー大将であり、このニュージャージーに将旗を掲げ、僚艦アイオワ、その他重巡、護衛の駆逐艦多数を引きつれていた。

「野分」は、このように両提督と両戦艦に二度にわたり対決したということを記録した海軍作戦史は見当たらない。

一九八〇年代になり、この両戦艦は中近東の緊張化で「モスボール」(配員はなく、船体、機関、兵器をすぐ使用できるように保存しておく)状態から現役に復帰し、核弾頭つきトマホークを搭載し、電子兵器で再武装されて、極東地区とカリブ海とに配備され、その威容を各地で誇示していた。

新聞報道によると、ニュージャージーは昭和六十三年のソウルオリンピックのテロに備え、釜山、仁川両港を訪問したのち、豪州開国二百周年記念祭のためメルボルン港を訪問している。そして、この港で、同国の記念行事に参列するため派遣された海上自衛隊遠洋航海実習部隊と友好交換したという。

偶然ではあるが、このときの実習部隊の旗艦かとりは、奇しくもこの戦艦に撃沈された巡洋艦「香取」の艦名を継承している。

この両戦艦については、その後のソ連邦の崩壊にともなう緊張緩和政策の一環であろうか、ふたたび「モスボール」されてしまったため、この戦艦を訪れ、往時の乗組員と語りあいたいという筆者の願いが実現不可能となってしまったのは、残念であった。

横須賀入港後、戦死傷者の交代要員を含み、つぎのものが着任してきた。ほとんどが新兵である。

①砲術員＝水越大海、相京定一
②水雷員＝大沢一雄、津金沢直造、（水測員）千国隆章、平沼定次郎
③航海科員＝（操舵員）岡崎章、（応急員）西村周次

第五章　最後の海上決戦

勇戦奮闘の末に

トラック島沖で戦死した第四駆逐隊司令磯久研磨大佐の後任に、高橋亀四郎大佐（四十九期）が昭和十九年三月二十五日に着任した。四代目司令、最後の隊司令となる。

前司令の在任は三ヵ月たらずであったので、その風貌などの記憶がないが、伊藤軍医官によると、一見して田舎の村長風の印象であったという。『モリソン戦史』は、「舞風乗員が最期まで勇戦奮闘した」と賞賛している。これはもちろん艦長の萩尾力中佐の指揮力によるところであるが、司令駆逐艦における隊司令の立場で艦長を助け、率先奮戦されたのであったろう。

「舞風」は隊の新編以来、つねに「野分」と行動を共にし、その生涯が「野分」より十ヵ月ほども短かったが、その戦歴は同じと見てよい。その最期は悲壮なものであり、生存者は一名もいなかった。

昭和六年一月入団、山形県出身の今野修二郎（特務機関）中尉が機関長として、巡洋艦能代から着任した。

三月二日付の発令で、五代目の「野分」機関長、最後の機関長となる明治生まれのベテランである。

一方、昭和三、四年生まれの満十四、五歳、国民学校高等科在校中の児童から、音感の優れたものを潜水艦の聴音探知の水測兵に養成するというので志願し、機雷学校で長期の特殊教育をうけて乗艦してきた三名があった。前出の長野県出身の千国隆章、茨城県出身の島田芳男、岩手県出身の平沼定治郎の各一等水兵である。

明治生まれの艦長や今野機関長とは三十歳近い年齢差があり、幼な顔の残った遺影を見るにつけ心が痛む。いわゆる少年水兵である。

このほかにつぎの者が乗艦してきたが新兵がほとんどである。志願兵はいうにおよばず、徴兵年齢が十八歳（数え年）に引き下げられたので、これらの者も満年齢に直すと十七歳から十九歳ぐらい、現在ならば高校生に相当する者ばかりであった。

①砲術員＝藤巻多次郎、大河原茂美

①か②？＝田中義男、相原由蔵、佐橋邦助

トラック泊地に対するスプルーアンスの大空襲以後、第一線となった中部太平洋諸島のどこかに敵の来攻があると判断されるにいたった。この地域はそれまでほとんど無防備の状態であったので、陸軍部隊の増強が三月二日に発令された。

まったく泥縄式な処置である。これを受けて「松」号輸送、「竹」号輸送が立案されたが、敵潜水艦の活動がいちだんと活発化しつつあったので、連合艦隊は所在の艦艇の全力をあげて支援することになり、護衛艦艇の配備と航空機の増強が行なわれた。

「野分」は巡洋艦龍田（旗艦）などとともに「東松二号輸送作戦」に参加した。高橋新司令にとっては初めての作戦で、「野分」に乗艦して指揮をとった。この時期、隊に配属の艦は二ヵ月前の「舞風」喪失で「野分」と「山雲」だけとなったが、「山雲」は別動していたのでこの作戦には参加してない。この作戦が終了したところで、「満潮」が新たに編入されることになる。

旗艦龍田に乗艦した第十一水雷戦隊司令官高間完少将の指揮する船団は、護衛艦九隻、加入船舶十二隻で編成され、東京湾発でパガン、サイパン経由トラック島に向かうものであった。

横須賀で船団会議を開き、この輸送を重要視した大本営は、軍令部第一部長（中沢佑少将）を出席させた。

また、海上護衛総司令部も輸送を支援する特別哨戒飛行隊に参謀副長を派遣し、指揮所で指導するようにした。それほどに重要な輸送であり、東京湾内の木更津沖で、これまた泥縄式の訓練を実施した後、三月十二日の早朝に出撃した。

護衛艦＝軽巡「龍田」（旗艦）。
　駆逐艦野分、朝風、夕凪、卯月。海防艦平戸、則天、巨済。二十号掃海艇

加入船舶＝高岡丸、日美丸、但馬丸、美保丸、安房丸、大天丸、柳河丸、第一真盛丸、玉鉾丸、国陽丸、対馬丸、あとらんちっく丸

特別哨戒部隊（第九〇一航空隊司令）

九〇一空（中攻五機、飛行艇三機）、九三一空（艦攻六機）、船団にともない移動

（基地・硫黄島、サイパン基地）

この時期としてはまれにみる大船団であったが、その中味はまったくの寄せ集めであった。夜間はもちろん、強風となると船団隊形保持のため、護衛艦が牧羊犬のごとく走り回らなければならなかったから、潜水艦に対する警戒がおろそかになった。

その隙をつかれて、出撃の翌早朝の午前三時過ぎ、八丈島の西方四十カイリにおいて旗艦龍田、輸送船国陽丸がほとんど同時に敵潜水艦の雷撃をうけた。戦後の調査によると、この潜水艦はサンドランス号という。荒天の闇夜に紅蓮の炎をあげて轟沈していく国陽丸の船影がはっきり視認された。

大正八年竣工という旧式な「龍田」も午後になって沈没した。開戦以来、第十八戦隊に所属して活躍したが、船団指揮官は荒天中を「野分」に内火艇で移乗して指揮を継続した。このときの救助艇の指揮をしたのは通信士の筆者であった。

昭和六十二年二月十九日の朝日新聞に、「海中でかばってくれた士官」と題して六十八歳、久留米市の今泉理という人が投書した。

撃沈された「龍田」に乗っていた方で、海中で救助を待っていたとき、士官がこの人を救助艇に押し上げ、自身は海中に留まって助けてくれたという内容のものである。

「まかり間違えば死へ引きずり込まれる苦闘の中で、その人は一兵にすぎない私を支えてく

れた」と、死線を越えたときの感謝の気持ちを、今でも忘れずにいるという。

このころになると船団が潜水艦の攻撃をうけたとき、水平線の向こうに帆掛け船のような異様なものがあったという報告が頻繁にもたらされていた。これがレーダーであったろう。敵潜水艦船団追跡の敵潜水艦は、狼群戦法の採用による複数潜水艦攻撃を採用しはじめた。敵潜水艦の勇猛果敢な攻撃は、わが駆逐艦乗員の等しく驚異とする段階に立ちいたり、対潜見張りにいっそうの重点が置かれた。

「野分」は、八丈島海軍航空隊と協力して敵潜掃討に従事したが、このとき「油湧出、敵潜撃沈確実」と報告している。が、戦後の米記録では、攻撃した相手の潜水艦サンドランス号の報告に、「日本の爆雷、爆撃攻撃は十六時間、百二発におよび、奇跡的に危険を脱出した」とある。撃沈していなかったことになるが、今一歩というところであった。

現場においては潜水艦攻撃の戦果判定は至難なことで、お互いに勲章がかかっているのでとかく過大となる。大本営はこのような各艦・機、各隊からの報告をそのまま受け、誇大な戦果と判定し、そのため作戦指導での情勢判断に大きな誤りを犯した。

先にトラック島北水道沖で航空機の爆撃による赤城丸の沈没を見てきたばかりであったが、潜水艦の魚雷により大型商船の国陽丸が至近の距離で轟沈するのを見たのは初めてであり、これまた悲痛きわまりない情景であった。

この船で進出中のサイパン警備隊小隊長予定だった期友竹中豊士君も、このとき運よく助けられた一人であったが、「隊員約八百名が乗船していたが、救助されたのは二十名足らずであった」という。内地に帰って、自身の人事発令電報が翻訳誤りで、サイパン警備隊でなくパラオ警備隊行きであったことが判明した。あらためて再赴任して現地で終戦、復員したが、「あのまま死んだら犬死であった」と回想している。しかし、サイパンに無事に上陸したとすれば、また同島での玉砕が待っていた。

このような例はどの作戦でも言えることで、戦死された人、助かった人あり、人間の運命はつねに紙一重であり、なんともやりきれない気分になる。

故金川隆兵曹は、その昔は鳥も通わぬといわれたこの八丈島の出身だが、小学校の教員をしていて徴兵されて入隊した。この島にお住まいの実妹持丸フミ子さんは、今は亡き母親が大切に持っていた故人の便り「故郷の山々や島かげを眺めながら」とあるのを、「何でこのようなことを書いたのであろう」と、戦後四十数年間思いつづけてきたという。お兄さんがトラック島への往復時には故郷の島の近海を数回航過し、庭先で潜水艦との戦闘をしていたことなど知る由もなかった当時であった。

船団はその後、敵の攻撃をうけることもなく、十九日午後、無事サイパン島に入泊した。ここから先に行く高岡丸、柳河丸、玉鉾丸は同日中に目的地に到着し、トラック島行きの但馬丸とあとらんちっく丸、エンダビー行きの第一真盛丸は護衛艦と行動を継続した。

「野分」はこの島のガラパン沖に投錨、四日間ほど在泊し、散歩上陸があった。

乗員は警備隊の軍用貨物自動車に乗せてもらい、赤土の露出した長い坂道を登り、高台にあった「香取灯台」に行き、島内で一番高いここから広大な太平洋を展望した。

雄大であった。どちらを向いても海原だけであった。この海原から、まもなく巨大なスプルーアンスの艦隊が上陸軍をともなって押しよせて来るとは、誰が想像しただろうか。

訓練中の陸戦隊員が休憩していたので聞くと、横須賀鎮守府第一特別陸戦隊（落下傘部隊）であることが分かった。この部隊の小隊長に同期生が四名いたので、彼らを訪ねたところ、みんな意気軒昂だった。

酷暑のもとで陣地の構築は急ピッチに行なわれていた。しかし、上陸した乗員はのん気なもので、戦局の緊迫を感じながらも楽しい散歩上陸で、煙草と交換した短いモンキーバナナの房、コンペイトウ、ベッコウ細工、珊瑚細工などを手に入れて土産物とした。

北海道出身、短期現役下士官の佐古孝章水兵長も筆者も共にバナナを求めた組で、帰りの罐室は熟成の室（むろ）となった。このバナナは、それぞれ幼い甥に喜ばれたことであった。

落下傘部隊の同期生たちは、二ヵ月後に敵の上陸軍を迎え撃ち、軍艦旗を掲げてガラパンから南下、敵陣に突入し、総員壮烈な戦死を遂げる。

筆者は「香取灯台」のハウスの入口で、同期生と座って話をしたりもした。戦後に残されたガラパンの街や灯台などの古い写真を見ると、感無量である。真珠湾奇襲、ミッドウェー海戦の指揮官で、この激戦地の最高指揮官であった中部太平洋艦隊司令長官・南雲忠一大将以下の戦没者の冥福を祈るところである。

この船団の復路に関しては護衛艦七隻、加入船舶十四隻をもって二十四日早朝、サイパンを出港、ぶじ東京湾に到着した。

この輸送は中部太平洋海域への泥縄式の増強作戦のほんの一部を担当したものである。海軍の全力をあげて陸軍兵力、海軍陸戦隊の増強が行なわれたものであったが、上陸した陸海軍の将兵は、来攻した米軍、スプルーアンス配下の海兵隊スミス少将などの上陸部隊のため玉砕してしまったのである。
このサイパン島から、当時としては巨大なB29爆撃機の大群が日本本土を爆撃することになるのは九ヵ月後、この年の十二月二十四日である。筆者はこの初爆撃を、横須賀の水雷学校の防空壕のある校庭で見ることになる。

小沢とスプルーアンスの激突

一九四四年（昭和十九年）三月三十一日、古賀連合艦隊長官がパラオから比島のダバオに飛行艇で移動中に低気圧に遭い、遭難して行方不明となった。このことはしばらく伏せられた後、豊田副武大将が五月三日、着任する。この間、指揮の中断があったが、幸い敵の攻撃が中休みであったので混乱は少なかった。（これを海軍乙事件といった）

上野将航海長の退艦時、１番砲塔を背後に撮影――右から宮内水雷長、上野航海長、伊藤軍医長（前）、筆者、小林通信士。

四月一日付で、東京高等商船学校出身の上野将航海長が呉鎮守府付に発令され、通信士であった筆者が「野分」航海長に昇格した。第七十一期生が海軍中尉に進級したためで、多くの同期生が憧れの駆逐艦航海長になった。

江田島の兵学校を卒業したのが十七年の十一月であったから、一年三ヵ月あまりという短い実役期間であった。ずいぶん早い進級であり、年齢は二十一、二歳であった。反面、それだけ人的な消耗が激しかったことになる。

わがクラス（卒業五百八十一名）だけについていえば、このときまですでに七十名余が戦没し、終戦時には三百三十一名と激増することになる。

「隊付航海士」として配乗していた一期下の小林正一少尉が「野分」乗組となり、正式な本艦の「通信士」に昇格した。そして、三月にわずか在校二年四ヵ月で江田島を卒業し、「隊付」に発令されたばかりの内藤敏郎少尉候補生が「野分」に乗艦指定されてその後任となった。

上野大尉はその後、掃海艇長や駆潜艇長として活躍、朝鮮海峡で終戦を迎えたが、その間に乗艦を沈められ二回泳いだという。戦後、高等海難審判庁の長官を歴任された。

前部露天甲板前部にある一番砲塔を背景に、この航海長の退艦を記念した士官室の写真がある。横須賀港内の駆逐艦ブイに係留時のもので、右から故宮内水雷長、上野航海長、伊藤軍医長（前列）、筆者、着任したばかりの故小林通信士である。宇野砲術長は撮影技師のため、残念ながらここには写っていない。

トラック大空襲時活躍した連管員の成田富雄水兵長が高等科水雷術練習生に入校するため、魚雷発射連管長の木村義一郎兵曹が胸部疾患で入院のため、艤装以来の砲術員小田切忠雄兵曹が父島根拠地隊付に、それぞれ退艦していった。

他の退艦者は分からないが、代わって着任した者はつぎのとおり。
海兵団から特技（マーク）を得るため各学校の練習生課程を終了しての乗艦であった若い新兵もあり、彼らはわずか三ヵ月間の短い期間苦労しただけで、最期を遂げることになる。
①砲術員＝田仲周一、島田八百七、松下元次
②水雷員＝山川吉男、（爆雷砲員）渡辺甚左衛門、（水測員）島田芳男
③航海科員＝（電信員）田中稔
④機関員＝永沢重蔵

「野分」は、「山雲」とともに四月六日に横須賀を出港して呉に回航し、瀬戸内海西部の柱島泊地で一ヵ月ほど訓練に従事したところで、佐伯湾に進出した。

つぎの者はこの地まで汽車旅行し、着任した。
①砲術員＝小林和夫
②水雷員＝野中久美、瀬崎恭一、篠崎徳三郎、鈴木次利、（爆雷砲員）田中源二
①か②？＝藤田忠兵、福原博、佐々木政一
③航海科員＝（電測員）内海信雄

昭和19年３月15日、中尉進級の日の筆者。「野分」艦上で撮影。筆者はまた、４月１日付で同艦の通信士から航海長になった。

④機関員＝佐藤正巳、小原清吉、根本常雄、原文雄、矢沢恒行

伊藤軍医長は横須賀海軍病院付に発令されていたが、後任者の伊東新吉軍医少尉の着任が遅れていたので、この地で退艦、赴任した。

駆逐隊の各艦には、固有の乗員のほかに隊司令をはじめとして、隊の職員、隊主計長、隊軍医長、隊庶務主任、隊付の軍医官と若干の下士官が配属された。隊司令の乗艦を「司令駆逐艦」と称し、おおむね一番後任の艦長の艦が指定されるが、時に応じ、戦況により変更される。

したがって各艦に分散配乗されていた隊付職員も、その乗艦が変わることが常であった。軍中(ぐんちゅう)（軍医中尉）と呼ばれて親しまれていた隊付軍医官もそうであり、新着のこの伊東軍医少尉は、その後、レイテ湾に突入時は「満潮」に配乗が変更となったらしく、この艦で戦死となっている。

サマール島沖で戦死した小柳津文太郎主計兵曹も隊付の職員の一人、隊庶務であった。この兵曹は北海道のニセコの出身。

未亡人テウ子さんは、ご主人からの最後の手紙が「満潮」からのものであったので、そのように長い間思いつづけてきた。

ところが、「野分」で戦死とわかったので問い合わせがあった。このご夫婦は昭和十九年三月に結婚して、ご主人はこのときには「野分」（履歴では「山雲」）に乗艦していたが、奥さんには何もいったことがなかった。

「横須賀を出港するときは満潮だったと思います。その後、九月ごろに出したと思います二通、今も仏壇にありますが、満潮からのものでしたので、スリガオ海峡で亡くなったと信じておりました。同じ満潮に乗っていた士官で三宅隆という方が、一度お墓参りに来てくださいました」

タウイタウイ泊地の連合艦隊。手前は「大鳳」で、左後方が「翔鶴」型空母、右後方には「長門」が見える。昭和19年5月に撮影。

その三宅君は東京築地にあった海軍経理学校の出身、筆者のコレス（相当期）で、主計中尉の隊庶務主任であった。レイテ出撃の一ヵ月前の九月一日付で、筆者より先にリンガで転勤となる。「ご主人は隊付であり、隊付は状況により艦が変わるので、直前に野分に移乗したことに間違いない」と納得していただいた。

つぎの来攻を中部太平洋と予想して策定されたのが「あ」号作戦計画であった。

昭和十九年二月上旬からトラック島泊地を撤収した艦隊の主力水上部隊をふくめ、連合艦隊の各艦は五月中旬までに、タウイタウイ島泊地に進出することになっていた。

五月十一日、「野分」は「武蔵」、三航戦の「千代田」「千歳」「瑞鳳」を、「山雲」「満潮」と他隊の駆逐艦四隻で護衛し、佐伯湾を出撃した。

沖縄の中城湾で給油した後の進出航路についての記憶は定かでない。ただ一つ明瞭に思い出されるのは南沙群島付近を南下し、パラワン島と北ボルネオとの間のハフハック海峡からスルー海に入った直後、敵潜の攻撃をうけたことである。そして、タウイタウイ島に直航した。

すでに、川崎造船所で建造された世界一の性能を誇った初陣の新造空母「大鳳」(旗艦)などの小沢機動部隊が進出している。初めて見る「大鳳」の独特の飛行甲板と、飛行甲板に勢ぞろいした水冷式の彗星(艦上爆撃機)のスマートな勇姿に期待をかけた。

待機泊地の所在については、東経百二十度、北緯五度、フィリピンのミンダナオ島からボルネオ島にのびる列島中にあり、南がセレベス海、北がスルー海に面している。ボルネオ島に近い群島であり、現在フィリピン・ゲリラの根拠地であるとされている。内火艇で旗艦に行くときに海を覗くと、海蛇がうようよしていた。このようなところによくぞ連合艦隊の艦艇が入泊できたものだと今でも感心している。

しかし、この集結期間中、五月から六月の間にも泊地の外に蝟集してきた敵潜水艦により、駆逐艦の「電」「早波」「谷風」「水無月」が犠牲となり、さらに空母「千歳」、「浜波」も被雷してしまった。このような状況であったから外海に出ることができず、したがって練度未熟な搭乗員の飛行訓練ができないままの出動となる。まことにお粗末であった。

この敵潜にたいする哨戒、作戦会議と打ち合わせで多忙をきわめ、その合間に大井暗号員長は、艦隊に初配備の彗星の搭乗員であった実弟を「大鳳」に訪ねて激励している。

この弟さんは作戦の初動、「大鳳」が敵潜水艦の攻撃で被雷するが、その直前に発艦して初陣の攻撃に参加し、アメリカの「マリアナの七面鳥狩り」の犠牲になったのか定かでない。この一家では長兄をも失っている。

筆者と同年配、師範学校を卒業し、小学校教員として奉職中に現役徴兵として入隊した前出の佐藤力三水兵長の遺稿の日誌に、この待機泊地にあったときからの戦況が、彼なりの感じで述べられている。(原文のまま)

「六月某日(日付け不明)

〇〇二五　出港用意、遂ニ出撃命令来タルモ、〇〇四一取リ止メ

〇一四五　投錨

一一四八　秋月ト哨戒交代

一二〇八　入港用意、「サハヒル」一七一・五度八一〇〇米ニ投錨ス。入港後洗濯

一六〇〇　出港用意、大和、武蔵、能代、島風、沖波、野分、山雲、登弦礼式ヲ受ケツツ出撃ス野分ト山雲途中カラ引キ返ス。

出撃モ間近カカロウ、身ノ回リヲカタズケタリ。昨今潜水艦多クナリ来タリテカラハ湾ヲ出ズル度ニ、千人針ヲスルヨウニナリ、且、夜ハ居住区ヲ廃シ、発令所ニネルコトトス。武蔵シキリニ発見信号

六月八日　出港、敵潜掃討

六月九日

〇六二〇　左六十度ニ発光器ヲ発見、投射個数九ケニ及ブモ飛行機ノ目標弾ト判明

一七五五　仮泊用意、「サンカシャッテ」ノ一六〇〇米ニ投錨、直チニ第一哨戒艦トナル。
　　北水道ノ遙カ洋上、一万メートルニ光リ放ツ、火柱一条、二条、三条マデMTO
　　認ム。マタハP、何事ゾ、深夜ノアワタダシサヲオボユ。アア、悲壮ニ三五〇谷
　　風轟沈ト聞ク」

マッカーサー攻略部隊は、ニューギニア島沿いに進撃をつづけ、敵の機動部隊もまた五月下旬、南鳥島、ウエーク島を攻撃したうえで、五月二十七日、西ニューギニアのビアク島に上陸して同地を確保してきた。この上陸軍を反撃するため、陸軍部隊を同島に作戦輸送する「渾作戦」が二回にわたって実施されたが、いずれも成功しなかった。

第三次には「大和」「武蔵」が動員され、「野分」もこれに参加し、ハルマヘラ島のバチアン泊地に進出待機した。まったく未知なジャングルの水路を入っていった。この島にも陸軍の小部隊が駐留していたことを記憶している。

小学校教員出身の木村茂水兵長の兄清氏は、この時期、船団がこの付近で撃沈されてモロタイ島に対面したハルマヘラ島の北部ガレラに駐留していた。弟の状況を知り、「一時期、弟茂とこの地で行動したのだと、気の休まる思いです」と回想する。

このビアク島は最近(平成八年二月)大地震が発生し、我が国にもその津波が押し寄せるというので「津波警戒」が発せられたところである。

六月十一日、サイパン島に砲撃を行ない、十五日の早朝、スプルーアンス麾下の米海兵隊陸軍部隊が同島に上陸を開始した。そして、並行して小笠原諸島に対してもその一部を分派

し、所在のわが航空部隊を全滅させてしまった。

このような敵情の変化により、「渾作戦」は中止となった。基地航空部隊の支援で作戦しようとしていた小沢機動部隊は、作戦中、終始掩護のないまま戦闘することになる。

そのような損耗は、中央の計画者の予定には入っていなかったのではなかろうか。

スプルーアンスのように事前に自身で計画した作戦の実施であれば、状況の変化で即応もできたであろうが、東京の中央が樹てた計画であってみれば、現地部隊は戦況の変化に応ずることは大変なことで、その結果は哀れの一語に尽きる。

作戦後、中央の机（デスク）から、自身の失敗を棚に上げ、「俺が俺が」のエリート立案者たちが強力な批判の追い討ちを浴びせる。車曳き、両舷直の現地艦隊司令部は、たまったものではなかったであろう。

「六月十七日　北九州及ビ南朝鮮ガ空襲サレタトカ、今コソ帝国ノ危機ダ」（佐藤力三水兵長遺稿日誌）

タウイタウイ泊地で待機していた小沢中将の指揮する機動部隊の本隊は、セブ島近くのギマラス前進泊地に進出し、補給部隊から燃料などの補給をうけて六月十五日、出撃準備を完了した。

一方、ハルマヘラ島のバチアン泊地に進出していた「野分」が所属する「大和」部隊も泊地を発して、ミンダナオ島の東方で艦隊随伴の補給部隊油槽船日栄丸から、おのおのに燃料の補給をうけた。

この洋上補給は、筆者たち未熟な航海長にとって初めてのことで、訓練不足の乗員は高い波浪に苦労した。そのためか、「白露」が油槽船清洋丸と接触沈没。不吉な門出であった。

補給終了の後、機動艦隊は合同し、「野分」の四駆逐隊は第二航空戦隊（二航戦）の「飛鷹」「隼鷹」「龍鳳」の直衛艦として、予想決戦海面であったサイパン島西方海面に向け、勇躍、東進していった。

スプルーアンスはこの作戦の計画書（福留繁参謀長がパラオから脱出するとき遭難した飛行艇に積んでいてゲリラの手に一時渡った）から、わが艦隊の行動の大要を知り、複数の潜水艦をこの海面に配備した。これら潜水艦から日本艦隊発見の報告をつぎのとおり四回にわたり受信している。

第一回目　米潜ボーフィン号（戦艦四隻、重巡六隻、駆逐艦六隻発見）、小沢部隊本隊が六月十三日夕刻、タウイタウイを出てスルー海を北東進中。

第二回目　米潜フライングフィッシュ号、本隊が十五日、サンベルナルジノ海峡から太平洋に出たとき。

第三回目　米潜シーホース号、ハルマヘラからの大和部隊、ミンダナオ島の北東二百カイリ。

第四回目　米潜キャバラ号、十七日早朝、補給部隊を、つづいて燃料給油後の艦隊を午後九時十五分、それぞれ視認、翌十八日午前二時から午後三時ころ、米艦隊の西南西方八百カイリに十五隻よりなる部隊を発見した。この潜水艦は、この発見目標に触接する。

小沢部隊は、十八日、索敵機が米艦隊を発見したが、夜間に及ぶこともあり、翌朝、敵との距離三百カイリから攻撃を開始する予定で進撃した。

十九日の朝、索敵を開始、サイパン島の西方に敵機動部隊を発見して、第一次の攻撃隊を発進させた直後、同海域に配されていたアルバコア号は一航戦（第一航空戦隊）の「大鳳」（旗艦）を雷撃した。そのうちの一本は発艦直後の攻撃機が発見、体当たりしたが、一本が命中した。しかし、「大鳳」は戦闘行動をつづけていく。

スプルーアンスは、このような潜水艦の水も漏らざる警戒網によって小沢部隊の行動を最大漏らさず摑んだうえで、戦艦戦隊を前衛に配し、新兵器のVT信管（超小型レーダーによる）付きの対空弾の弾幕をもって艦隊をカバーし、さらに後衛として上空にレーダー情報で管制された空母部隊のCAP（直衛戦闘機）がわが攻撃隊を待ち受けていた。このような米戦艦の用法は適切なものであったと言える。

これからが「マリアナ沖海戦」と呼ばれている日米の正規空母同士が搭載全航空機を発艦させた世紀の対決の開始である。

初動から大きな手違いではじまった航空攻撃戦の挽回は、参加搭乗員の双肩にかけられ、わが航空兵力の全力をあげてスプルーアンスの機動部隊に向かったが、この攻撃隊、つづく攻撃隊もほとんど全滅してしまう。

十一時二十分、一航戦の「翔鶴」は、触接をつづけていた潜水艦キャバラ号の雷撃をうけ魚雷三本が命中した。その上、早朝被雷していた「大鳳」が大爆発を起こした。

筆者は、この両空母が大黒煙を上げて炎上するさまを水平線の彼方に望見し、「白露」沈没の不吉に加えて、作戦の前途にさらなる不吉感が体内を走った。

「翔鶴」が午後三時一分、「大鳳」が午後四時三十二分にいずれも沈没した。

「大鳳」艦上で彗星艦爆の搭乗員の実弟を激励してきた大井暗号員長の心配は、さらに大きなものであった。

この日の攻撃状況は公刊戦史叢書関係版にゆずることにして、艦隊は翌日の再攻撃を期して北上した。

二十日当日、艦隊司令部は午前の航空攻撃による情報によって近くに敵空母群が所在すると判断し、この敵に対して薄暮を利用して攻撃することを決意した。

午後五時十分ごろ雷撃隊を発進させ、第二艦隊（戦艦部隊）の水上部隊に夜戦の決行を命じた。このとき「野分」は「飛鷹」「隼鷹」の直衛に当たっていた。

「大鳳」と「翔鶴」を失った一航戦の「瑞鶴」から、まず前路索敵隊が発進した。そして、雷撃隊が発艦した直後、敵の攻撃隊が飛来し、約一時間にわたって「瑞鶴」に約五十機、「野分」の直衛する二航戦の三隻（飛鷹、隼鷹、龍鳳）に約四十機が、そして第二艦隊には、約三十五機が同時に攻撃をかけてきた。

敵の攻撃は直衛駆逐艦には目もくれず、もっぱら航空母艦に集中され、その攻撃ぶりは猛烈果敢であった。「野分」が直衛していた「飛鷹」は、爆撃で航行不能のところを潜水艦に止めを刺された。また「隼鷹」も中破した。そのほかに「瑞鶴」「千代田」「榛名」にも被害があったが、いずれも航行には支障がなかった。

出撃した各空母の航空機はほとんど未帰還となり、かろうじて味方の上空まで帰ってきた機は夜間着艦ができなかったので海上に不時着させ、「野分」も暗夜の海上に内火艇を降ろし、「瑞鶴」の搭乗員二名、「隼鷹」の三名を救助収容した。これらのなかには彗星もあった。二、三航戦で初陣を飾った筆者同期生の七名の搭乗員のうち五名が還らず、帰還した二名のうちの一名は、乗艦「飛鷹」が沈没したときみずから艦内に入ってふたたびかえらなかった。彼らはこの年の一月、練習航空隊の全教程を卒業したばかりの第三十九期飛行学生出身者（九十三名卒業して終戦まで残ったのは十七名）であり、技倆優秀で母艦搭乗となったが、残念ながら経験（飛行時間約三百時間に過ぎない）が乏しかった。

このように経験不足のままで狩り出された技倆未熟な搭乗員は、敵機動部隊が張った迎撃機バリヤー網で「七面鳥狩り」の獲物の七面鳥のように撃墜されていった。

このことをこの作戦に参戦した七十期の先輩香取頴男氏にお尋ねしたところ、戦闘機は五千メートルの高度で接敵したので、敵のレーダーに曝されてしまった、といわれた。

「六月二十日
サイパン、テニアンハ刻々ト攻略サレツツアルノダ。我ガ身ノ廻リハ整理シツクシタ衣服ニモ不足ナシ。金銭ハ四十円近クアル。十円、加藤兵曹ニ貸ス。ソノ他、貸借関係ナシ
一九二八　飛鷹（空母）遂ニ沈ム
二〇五七　隼鷹（空母）ト合同一路、北西上、果シナク敵機ヨリ逃ゲル
我ハ思ウ。我ガ帝国ヲ……。傷ツキイタム連合艦隊ヲ。三月ノあ号作戦ハ水泡ニ帰ス。我等ガ努力モ一瞬ニシテ消エ去ルノミナラズ、敵ハ本土間近カシ。アノ美シキ故国ノ山河ヨ。

如何トシヨウ」

（佐藤力三水兵長の遺稿日誌）

敵の槍より長い槍で敵を倒す。敵空母から三百五十～四百カイリ離れて攻撃できると大宣伝し、食傷するほど聞かされた「アウトレンジ戦法」は、これを遂行する搭乗員の技量未熟を考えない、軍令部の作戦第一、作戦絶対の若手エリート部員、俺が俺がの方々の戦法で、最初から負けていたのである。

聞くところによると、戦闘機搭乗員は爆装であるから爆弾投下の訓練だけで、空戦の訓練をしなかった。艦爆機（彗星）搭乗員は、航空母艦に初めて着艦させてもらった。艦攻機はレーダーの探知を避けるため低空を五百カイリ飛行し、敵艦に近づくと急上昇して攻撃する、極度の神経をすり減らすこのような訓練だけをしていたという。

ハワイ攻撃に参加した超ベテラン搭乗員でも、百五十カイリの距離からの攻撃であったと思うと悲しくなる。

四ヵ月後に起きる台湾沖航空戦になると、さらに技倆未熟な搭乗員に七百カイリ飛行して攻撃後、百五十カイリ離れた台湾に向かえという、まったく無謀な指導であった。

二日間の航空戦闘に大敗した艦隊は、空母三隻とその航空隊を失い、惨めな姿で北上、退却をつづけて二十一日、沖縄の中城湾に三々五々入泊した。一息ついたところで、またも再建を期し、内地に向かうことになったが、「野分」と「満潮」にはこの作戦中、低速のため南比、ダバオ港に取り残されていた戦艦扶桑を内地（呉）に帰還させるための護衛任務があたえられた。

これまでに空母対空母の戦闘が行なわれたのは「珊瑚海海戦」「ミッドウェー海戦」「第二次ソロモン海戦」「南太平洋海戦」があり、一部において成功したかに見えた。

この「マリアナ沖海戦」が最後の決戦となり、高度な作戦技術、アウトレンジ戦法の攻撃に練度未熟で投入された搭乗員は全滅し、主力空母三隻を失った結果、豊田連合艦隊はもう均衡のとれた海上兵力としての機能を失ってしまった。そして、その再建は不可能となる。

この大戦中の筆者同期生の戦没者は三百三十一名であるが、この時期で戦争を止めたならば、九十七名の犠牲で終わった。戦争を始めたからには、これぐらいの犠牲では止められなかったのかと不謹慎な想いになる。

このとき以降、犠牲が急増する。フィリピン陸上、近海での戦闘の終結時までの短期間に百七名、それから終戦までに百八名のクラスメートが戦死する。さらに続いたら全滅であったろう。

筆者は戦後三十年の節目に戦没同期生三百三十一名の戦死状況の詳細を顕彰した『同期の桜海兵七十一期』、五十年目（平成七年秋）に生存者の戦歴を戦没者との絡みで執筆した『五百八十一名の全航跡（生と死の記録）』を、期会から発刊してもらった。

その間、三十年間以上をこのような資料に目を通していて、とくにこの感を深くする。このほかに、この本の原書となる『駆逐艦野分鎮魂の譜』がある。

この作戦終了をもって、連合艦隊の残存空母部隊は中身の飛行隊を持たない数隻の空母の「どんがら」だけとなる。なお、中央指導部はその建造に粉骨砕身するが、待望の空母「信濃」(「大和」型戦艦を設計段階で変更)、正規空母「雲龍」は就役が遅れて間に合わないうちに、またもどんがらだけの艦隊(囮艦隊)で決戦をもくろむ。それが「フィリピン沖海戦」である。

その直後、この二隻の空母はいずれも随伴の護衛艦艇、航空機の対潜能力の不足により、その姿を艦隊乗員の前に現わすことなく、なんらの貢献なしで敵潜水艦の餌食になる。昭和十九年十一月、十二月のことであり、それでも降参しなかった。

そして、「栄光の戦艦『大和』の沖縄突入」で終わる演出を考えた東京の演出者たちによる帝国海軍の葬送作戦は、つぎの年の四月にやって来る。

戦艦「扶桑」の内地回航

大正三年、呉工廠で建造された旧式の戦艦「扶桑」は、劣速のためマリアナ沖海戦中、フィリピンのミンダナオ島ダバオ港で待機していて取り残されてしまった。

この艦を内地に帰還させるための警戒艦として、「満潮」(司令乗艦)と「野分」とが指定された。まったく予想外な特別任務で、母港に帰れることを期待していたところであったが、よくもこのような後始末ばかり与えられるものかと愚痴を言ったことをハッキリ覚えている。またも貧乏くじに当たったのである。

負けてしまったこの海戦、その発動点海域のダバオ港までは海上はるかであり、敵潜水艦の輻輳(ふくそう)する海域を行動することとなる長い船旅は、約一ヵ月を予想されるうえに、乗員の疲労は極度に達していたこともあり、何としても意気があがらなかった。

敵の制空権、制海権下になったラバウルに、トラックから二回も船団護衛に成功したことを考えると、この隊がいかに精鋭であったか、艦隊司令部は知っていたのであろう。

その間には大変なことが起きるかもしれないと予想されたが、顧みて無事その任務を果たした満足感がある。今までの参戦は負け戦ばかりで、肉体的にも精神的にも常に苦難の連続であったが、この行動だけはそのような思いが残らない。

ダバオまでの航海は、米海軍が大海戦を大勝で終わった後の休止期間であったろうか。さしたる攻撃もなく、とくに紹介することもないが、防衛研究所戦史室に残っているこの月の『野分戦時日誌』（海軍省に提出する月例報告）の記録に少し解説をつけて回顧したい。

行動期間としては、六月二十三日から七月十五日に横須賀に帰着するまでの二十日間あまりである。

マリアナ沖海戦では第一機動艦隊をひきいた小沢治三郎中将。

最初にあたえられた任務は「扶桑」の護衛ではなく、小沢艦隊を支援し、同じくギマラス海峡に取り残されていた艦隊随伴補給部隊の雄鳳丸船団を護衛して、ボルネオ島のバリックパパンで重油、軽油、潤滑油などをなるべく多く搭載した後、内海西部に回航することであった。

燃料の内地後送は連合艦隊行動の源泉であり、あらゆる困難を克服して行なわなければならなかった当時の最重要事項だった。

二十三日の午後遅く、中城湾を出港したが、翌日「ダバオに回航、扶桑を護衛してギマラスで燃料を補給後、マニラで待機せよ」という任務変更の命令があった。

なぜ、このような変更があったのであろうか。おそらく大本営の次期作戦（捷号作戦）を計画中であり、大艦巨砲主義の亡霊に取り憑かれた担当者の要望が強くて、「扶桑」の内地回航になったのであろう。

この戦艦はつぎのレイテ湾突入の西村支隊に参加し、スリガオ海峡で敵戦艦群の砲撃で鉄が溶けるようにして最期を遂げることになる。

航行の途中、艦首に気泡を発見したので潜水艦と判断して爆雷攻撃をすることがあった。敵は早くもわが行動を察知して、潜水艦を配備したとの緊張感が艦内に漲ったが、その後、敵の攻撃もなくスルー海からミンダナオ島の南地区、ザンボアンガ海峡を抜け、二十九日にダバオで「扶桑」と再会した。この戦艦の乗員にすれば鶴首久しく、まことに心強い味方の来訪であったろうと、今になって自画自賛する。

一番大切な真水のほかに、バナナ、パイナップル、マンゴなどの果物、野菜と砂糖などの生糧品を搭載し、乗員には短時間の散歩上陸があった。

初めての南国の地、ダバオ市街の散歩上陸、まだ敵の攻撃がなかった時期であったので、占領地での満足した見物であった。

南方の島に日本より立派な洋風建物があり、華僑が大成功して商売をやっているのに驚いたという若い兵隊もいた。若い者にとっては初めての外国での上陸で、楽しいひとときであった。

この地は四ヵ月後、レイテ島沖海戦の直前に「ダバオ誤報事件」として海岸に打ち寄せる波を誤って敵上陸軍と報告して全比島の作戦部隊を驚かし、暗号書を焼き捨てるという日本海軍はじまって以来の珍事があった現場だったが、このときはまだ平穏そのものであった。

燃料の搭載地が北ボルネオのタラカン島に指定され、「野分」と「満潮」がバージ役（給油船）で、七月三、四日の二日間、桟橋で燃料を満載して「扶桑」に移載することを数回繰り返して、戦艦の重油タンクを満杯にした。

このような作業は艦隊勤務中で初めての経験で、海潮流はきわめて速く、水深は浅くて新米の航海長には大変だった。操艦を誤ると、流れに押されて座礁しかねない。そうなれば、この僻地の孤島に取り残されてしまう、これほど嫌なことはなかった。

この地での五日間の在泊中に散歩上陸があった。初めて見る重油の採掘井戸、島民との物々交換、求めたコプラから作った石ケンは外見はよかったが、内地に帰って母に土産としたときにはもう縮まっていた。

燃料補給後の「扶桑」の行く先が「リンガ泊地」と指定された。

この地はインドネシア・スマトラ島の東部沿岸、洋上に位置し、シンガポールの南、東経百五度線の赤道直下に位置する。敵の攻略が比島方面と予想して策定されたつぎの「捷号作戦」における艦隊の待機泊地であった。ここは産油地（パレンバン）に近く、予想される作戦にそなえた訓練ができるのに十分な広さがある泊地であった。

遅かれ早かれ「野分」もいくばくもなくしてこの泊地に進出、待機することになるであろうが、一応内地に帰りたいと願っていたところ内地帰還の変更命令があり、乗員は喜んだ。

このような行動変更は、朝令暮改もいいところであり、振り回された。上級司令部の作戦構想がいかに動揺していたかを示す証拠ではあり、反面、それだけ敵の攻撃が切迫していたことを示すものである。

七月八日に出港し、ダバオ南方の海面から東進後、豊後水道に向けまっすぐに北上進した。予定航路を予定どおり航海したこの回航部隊は、敵潜水艦に遭うこともなく十四日早朝、豊後水道沖に達した。

まだ夜が明けない早朝、浮上潜水艦を認めて「扶桑」が照射砲撃をするという緊張があったが、明るくなって四国の宿毛湾に入港し、護衛任務を終了した。

「扶桑」は呉に向かい、われわれは母港に向かう。航海中、第十駆逐隊の生き残りの「朝雲」がわが隊に編入になったのを電報で知った。これにより隊は久しぶりで四隻編成にもどるが、一堂に会するのはなお先のことである。

土佐沖を通り、潮の岬灯台を左に眺め、黒潮にのって遠州灘沖を夜航海で帰心矢のごとく、当直機関員は、艦橋からの指示もなく回転数をひそかに増加するが、このときばかりは艦橋は見ぬ振りをして帰港を急いだ。

翌十五日の朝は二時間半ほど霧中を航行して浦賀水道を北上し、正午過ぎ、無事に横須賀Y七号浮標に係留した。

長い旅であったが、他の艦が内地で修理整備、休養にあたっている間に大任を無事に果たしたのは、この隊が精鋭であったことの証明だった。しかし、両艦は一ヵ月の遅れをとりもどすために乗員にはまたも十分な休養があたえられず、入渠整備にあたり、修理期間が不足のためやり残した分、とくにレーダー関係の修理については寄港する予定の佐世保、または昭南（シンガポール）で行なうことになり、出撃準備を完了した。

このようにまったくの準備不足の状態で、つぎの作戦に臨まなければならない戦局であった。

ダバオ行動は『野分戦時日誌』のうち、十九年の「六月と七月分」の行動報告に筆者の記憶を加えて追憶したものであるが、これら資料をもとに海軍省の功績調査部で作成された『駆逐艦野分行動調書』では、この間の記述がつぎのとおり途中で終わっている。

マリアナ沖海戦に敗退して沖縄・中城湾に逃げ帰った以後の記述であり、これが「野分」の現存する公式記録の最後である。

六月二十三日　〇九一〇　中城湾着、一六三〇発
六月二十六日　ギマラス着
六月二十八日　出撃、敵潜探知攻撃、効果不明
六月二十九日　ダバオ入港
七月　一日（以後の記録なし）

各艦の『戦時日誌』は、海軍省功績調査部に毎月提出する艦船の貴重な報告である。「野分」の「六月分」は七月下旬に内地に帰り、次期作戦準備のための修理・整備に忙殺されて作成が遅れたのであろうか、表紙に「四駆逐隊八月十日発送、海軍省功績調査部・十七日接受」との記録が残っている。

「七月分」にも「十月五日発送、十六日接受」が表紙に残っている。この時期には「野分」がリンガ泊地にあったから、現地からの提出であろうが、託送中の輸送船が途中沈没することもなかったことになる。

その後の「八月分」と「九月分」は作成準備中で未発送か、途中の事故で功績調査部などに到着しなかったのであろうか。「十月分」はレイテ島沖海戦に参加して二十五日に沈没するので、もちろん作成準備もしていなかった。

当時、軍令部出仕・功績調査部員であった同期生の広崎亮二君は駆逐艦「杉」砲術長としてオルモック湾輸送作戦参加中に敵機の空襲で足に重傷を負い、陸上勤務となり、功績調査部にあった。

彼によると戦局激化により、山梨県に疎開していたというが、「野分」担当の女性理事生が八月十六日接受の「六月分」まで処理し、「七月一日」と書いたところで、つぎの「七月分」を待った。その「七月分」の接受は十月十六日であったから、その直後フィリピン沖海戦が開始され、戦局が激化して沈没艦艇の激増で事務処理がとどこおり、そのまま終戦となったのであろう。そして、戦後に米軍に接収され、米軍担当者が検討した後、その成果は『モリソン戦史』などの出版となり、その後、日本側に返還されたものである。

この行動調書は、多くの駆逐艦をふくむ『駆逐艦行動調書』中の一部分である。その書き出しは開戦の一ヵ月前の「十一月一日、横須賀在泊中」ではじまり、「四日同出港・諸訓練」……「十三日岩国着」。

これから開戦行動へと移っている。このうちミッドウェー海戦の箇所は、まったくの空欄である。そのほかについては、たとえばトラック大空襲などは詳細な記事となっている。

根拠資料は毎月提出した『戦時日誌』をもとに調査部員が作成した。「野分」の分として現在戦史室に残っているのは、サイパン輸送作戦の「四月分」、マリアナ沖の海戦とダバオ行動の「六月分」と「七月分」の三ヵ月分だけで、あとは四年近い分がすべて終戦時にどこかで焼却されたのであろう。残念なことであった。

このなかで、アメリカの調査員がマリアナ沖海戦の項で、「野分のこの記述の一部は満潮のものと違う」との調査員のサインのあるメモ書きがある。彼らの研究のあとを現実に見て、その真剣さにあらためて感心した。

『モリソン戦史』は誤りが多いと非難する研究者もあるが、誤りがあるのは接収した資料がなかったことによるもので、「野分」についてはきわめて正確な記述となっているのは、この署名入りのメモ書きから確認できる。

第六章　栄光の航跡

「野分」アラカルト

駆逐艦「野分」は、旧海軍で活躍した二隻の駆逐艦であり、ここで対象としたのは二代目艦である。「のわけ」とも発音するが、当時においては艦名としては片仮名の「ノワキ」が用いられた。通常は駆逐艦という艦種をつけないで呼ばれている。

「野分」とは何を意味するのかと問われて即答できる若い人は、そう多くないであろう。辞典によると、「秋吹く強く荒れる風、とくに台風、野の草を吹き分けるの意」で、現在の気象用語「台風」は明治の末、気象学が採用されてからのもので、それまではこの「野分」が用いられていた。季語である。夏目漱石著の『野分』とは何ら関係がない。

旧海軍において、軍艦の艦名付与は明治十六年にその定めが出来た。

そのうちの駆逐艦の命名は、天象地象の雲、霧、雨、霜、風、波、潮、月などから採用され、みんな美しい自然現象であり、優美な中にも激しい動きがある。

大正時代の尋常小学校の『国語読本』の「軍艦の名前」について述べられた箇所で、駆逐

艦は、

「風ノ名ヲ負エルモノニ神風、春風……野分（ノワキ）等アリ……駆逐艦ノ名コソ更ニ優美ナル。……雲霧ヲ利用シ、雨雪ヲ物トモセズ、風ノ如ク突進スル勇壮ナル有様モオモニ見ルベク。又優ニヤサシキ武人ノ風流モシノバレル」とある。

明治、大正、昭和初期の軍国主義時代の教育の片鱗がここにあった。

当時の海軍において駆逐艦の隻数はまだ少なかったが、初代艦の艦名に「野分」が選ばれたのは当然であったろう。

季語「野分」から気象用語として「台風」と呼称が変更されたのは、明治の末であったというから、初代艦の誕生とその期を一にしたことになる。新しい呼び方の「台風」にするか、それまでの呼称である「野分」のままか、論議があったことは想像に難くない。

雲の名前がついたものを「雲クラス」、風の名前がついたのを「風クラス」といった。この本の主人公は、台風にちなみ命名されたので「風クラス」に入る。

「野分」が配属された第四駆逐隊の僚艦（嵐、萩風、舞風）もそうであり、「嵐」は荒く吹く風（暴風の意）、「舞風」はつむじ風のこと（旋風）、ともに荒々しいが、「萩風」だけは優しく「萩に吹く風」、秋の七草の一つである。いずれも文学的には優雅な呼び方である。

駆逐艦「野分」でなく、駆逐艦「台風」と命名されたとするなら、いかがであったろうか。優雅な名前の僚艦「萩風」とくらべると、釣り合わない。文学的な優雅な「野分」ならば「萩風」とも他の僚艦（嵐、舞風）とも釣り合うと考えたのであろう。

武骨な軍人にしては風流を解した文化人であり、さすが明治、大正時代の先人は奥床しか

った と感心する。

反面、この艦名「野分」というのは、何々波、何々風、何々潮、何々雲などとはまったくニュアンスの違う名前で、文学的素養のない当時のわれわれには奇異な名称に聞こえた。いちばん難解なのは、「子ノ日」であった。これは天象地象とは言い難い。おそらく俳句の心得のある先輩が「歳時記」から採ったものであろう。

当時、海軍通信学校普通科暗号術練習生を終了して「野分」乗組に発令された十六歳の少年水兵和気敏男も、同年兵たちも共に「野分」の艦種が何であるか、特務艦であるとか何とか、話し合ったと回想する。この和気敏男氏は当時台風の別名であることを知らず、戦後、古典文学講座を勉強し、「野分を題材とした多くの古歌を知りました」と便りしてくれた。

・のわきたちて　俄に膚寒き　夕暮れの程　〈源氏・桐壺〉

・つごもり方に　風いたく吹きて　のわきたちて　雨など降るに　〈和泉式部〉

「野分きの風」は王朝時代から多くの歌人に詠われ、日本人に親しまれ、恐れられてきた。いずれも「のわき」と発音されている。今日でも歌壇でおめにかかる。

二代目「野分」は、昭和十二年（一九三七年）四月一日からはじまった第三次海軍軍備計画により建造された陽炎型駆逐艦十五隻の最終艦として、昭和十四年十一月八日、舞鶴海軍工廠において起工された。

艤装員長に古閑孫太郎中佐が、艤装員（機関長予定者）に宇都政男機関少佐が発令されて着任、中舞鶴の工廠内に艤装員事務所を開設し、艤装員付として機関科員を主とした下士官兵の基幹要員も発令された。工事の進展に応じ幹部、下士官が順次発令される。

この下士官兵クラスを掘り起こす記録が見あたらず、いまとなってはその全員を知る由もないが、現在、連絡を得ている「野分会」の二十余名の会員のうちの多くは艤装時、またはその直後の乗組であった。

「野分」起工の一ヵ月後、筆者たちは第七十一期生として呉軍港の対岸の江田島にあった海軍兵学校に入校したが、この工廠に隣り合った海軍機関学校にも海機五十二期生百十五名が入校した。兵学校、機関学校と東京の経理学校はいうならば姉妹校である。同年の入校者はお互いをコレス（コレスポンデント、相当期）と呼び、終世変わらない貴様、俺の仲である。

その機関学校のコレスたちは、造船台上でだんだん完成していくこの新造艦を、短艇訓練のときには近くを櫂走し、また、日曜日に外出したときにも近くの小高い青葉山の丘から、雪の降る厳冬の日も折に触れ、一年半にわたって眺めていた。

そして、命名、進水式を見学したからとくに印象が深く、懐かしい駆逐艦だという。ここに「野分」に関心を寄せ、記憶していてくれる人たちがある。

この工廠の技術中尉で「野分」の艤装を担当した添田玉彦氏は、二期短現、造機の出身で、舞鶴海軍工廠製罐副主任であった。「天津風と野分とは私の短い海軍生活の中で忘れ得ない艦となった」と回顧する。

この方にとって舞鶴での想い出のうちもっとも強烈なのは、海軍初の高圧蒸気を採用した「天津風」の建造で、製罐主任の福田計雄機関少佐の下で苦労したこの艦が、予定どおり昭和十五年十月二十六日に竣工したのは舞鶴に着任した七ヵ月後のことである。

つづく「野分」は、退官直前に竣工した。この高圧蒸気罐の威力が敵機動部隊によるトラック大空襲時に「野分」の危機を救ったことは前述した。

この元技術中尉から、竣工時の記念写真をいただいた。舞鶴鎮守府長官（中将・小林宗之介）以下の参謀、工廠長（中将・石井常次郎）他の幹部とともに古閑艦長が威儀を正して写っている。思いも及ばなかったことであるが、半世紀たって生みの親の一人のプロフィールを知ることができた。

水測員であった星野松司氏は、第一期の普通科水測術練習生を終了し、横須賀に回航した直後に着任したが、第二種症のため兵役免除となり、故郷北海道で戦時中も再召集されることがなかった。往時を懐かしみ、つてを求めて連絡してくれた。ここにも、面識がないにもかかわらず、意外にも意外な人がいてくれる。この人は、あとで乗ってきた普水測練習生同期で、レイテ戦時の水測員長・故川畑弥太郎上曹のことを覚えているだろうか。

前出の『軍医長日記』では、南方での、とくに小艦艇勤務の過酷さが明らかにされている。現在の自衛艦のように艦内冷房施設はなく、とるべき栄養も十分でない時代であった。

ガ島輸送時、後部機械室にいて難を避けた荒川福吉電機員は、極暑海域行動と高温多湿の機関室での過酷な勤務のため、その後トラック基地にあった大和医務室で胸部疾患と診断され、久里浜の野比海軍病院に入院のため、退艦、病院船で帰国している。三井保雄機銃員は、トラック島空襲時に負傷し、伊藤軍医長にお世話になった。

この荒川と三井両氏は、戦後の早い時期にこの著者伊藤貞男をたずねあて、当時のことを改めて深謝したという。

この軍医長は、「野分」在艦中に三名の虫垂炎（盲腸）患者を手術している。航海中にも患者があり、狭い艦内でしかも荒天時であったため、医療設備のある同航中の巡洋艦へ移送した。そのための徐行と威嚇爆雷を数個発射しなければならなかった。

この当時は盲腸が非常に多かった。小艦艇での盲腸手術は、執刀する側もまだ経験が少ない軍医であってみれば、「やぶ」でなく「どて」だと誰でもがからかわれていたが、患者も大変である。

磯野利英電信員は盲腸の手術をうけ、化膿を防ぐため腰椎麻酔をして艦内病室で実施された。斉藤電信員長が当直に立ち、他の電信員は押さえ方にまわった。

マリアナ沖海戦の海域に進出中にも、「岡崎章二曹が遂に盲腸と判明せるため、昨日手術、今晩一晩看病す。痛み甚だし」と佐藤力三水兵長の遺稿の日記にある。

陸軍部隊を上海からラバウルに輸送する作戦中、トラック基地に着いた直後に機関科の伊藤一兵長も、急性虫垂炎でトラックの海軍病院へ送院された。この両名は最後までこの艦で奮闘する。

このほかにも戦陣の陰での痛ましい苦労話があった。

水雷員の木村義一郎兵曹も、胸部疾患により退艦療養に入った一人である。スプルーアンスの機動部隊がギルバート方面（マキン島、タラワ島）に来襲、機関二時間待機（命令を受けたら、二時間で出港できるように機関の準備をする）とし、これに備え、同方面に出撃しようとしていた直前のことである。熱性症でトラック基地の第四海軍病院に入院させた一分隊（砲術科）勝本久二水兵長が、その翌日、死亡したとの知らせで軍医長が死体処置を行ない、身柄を横須賀補充部に移籍した。

二分隊（水雷科）豊田勇一水が左胸膜炎と診断され、春島艦隊錨地に停泊していた病院船氷川丸に送院された。

このように病人が続出したのは、狭い艦内の生活、連続の行動と極暑のせいであった。

この氷川丸は現在、横浜の山下公園の岸壁で観光船として係留されて、ハマッ子に親しまれている。

前述のとおり、マリアナ沖海戦で敗退した後、約一ヵ月の間ダバオに行動し、そこに残されていた戦艦扶桑の回航護衛にあたったが、海軍省に提出していたこのときの月例報告『野分戦時日誌』に、「出征中の衛生状況・送院及委託患者の状況」の記録が残っており、前述の艦内状況の過酷さを裏づけている。

・急性虫様突起一名、護衛していた軍艦扶桑に入室（十九年七月十日軽快帰艦）

・肺浸潤四名、右胸膜炎、右手挫創及び熱性症・各一名（計七名を横病に送院、即日送籍）

顧みるに、あの大戦に参戦した陸海軍の兵隊の員数を知らないが、犠牲者のうち戦死者は海軍だけでも五十七万余名であった。多くの家庭では兄弟がそれぞれ出征して、別れ別れで、なにかの拍子にすれ違っており、それすらも知ることがなかったのが戦場であった。

小田原市に居住されている木村清さんと弟の小学校教員であった木村茂水兵長との場合は、その舞台は前述した西部ニューギニアのハルマヘラ島（ビアク島の西方）である。

現地の密林中にあった陸軍の兄と「野分」艦上にあった弟が至近の距離ですれ違い、会うこともなかったというのである。

マリアナ沖海戦時の大井政雄暗号員長と彗星艦爆機の搭乗員で大鳳配乗の弟との場合は、このときの艦隊前進泊地タウイタウイ島の湾内停泊中の空母艦上でお互いが激励し合った。弟はマリアナ沖の航空戦で彗星に搭乗、還らなかった。

砲術員の佐々木茂雄兵曹は、弟の兵曹が配乗していた巡洋艦摩耶がレイテ沖に向かう途中、敵潜水艦の魚雷で旗艦と同時に沈没するのを目の前にした。その兄も幾ばくもなくしてレイテ島沖に進出し、弟の後を追うことになった。

ガ島戦中、ラバウル基地に進出した「野分」艦上の鈴木朝美機関員とラバウル航空隊所属の零戦搭乗員の弟との場合は、時期は違うが、兄は弟が散華したと同じ海域で作戦に従事し、その飛行場を目のあたりに見てきた。

伊藤元軍医長の弟は、東京高等商船学校（機関科）出身の御用船機関士（海軍少尉）、いまのベトナムのカムラン湾沖で轟沈したが、その海面をこの兄も行動していたことを戦後になって知った。

筆者にも多くのことがあった。「大和」に乗艦し、トラックに在泊していたある日、燃料を移載するために横付けした重油満載の艦隊随伴油槽艦でソロモンに進出する陸戦隊員として、一つ年上の従兄（伊藤寿々武）が偶然にも便乗していた。

彼は筆者のことを知って捜していたのだといい、ソロモンに行くとの話に、武運長久を祈ると言ったものの、その生死は保証できないことをうすうす承知していたため、悲愴な気持ちで別れた。が、幸運にも復員できた。

この従兄の実家と隣りどうしであった筆者の小学校同級生（伊藤久男）は、「武蔵」に乗っていて、よく会いに行った。彼は「武蔵」沈没でその生涯を終わっている。

中学校時代の同級生、神戸高等商船学校卒業後、海軍に入った川島利兵衛君は海軍少尉であった。戦後、北大水産学部教授となった。筆者が二艦隊旗艦「愛宕」にチャージ（艇指揮）でいったとき、同じく何処かのチャージで来ており、お互い顔を見合わせ、ようやく声をかけ合う有様で、この基地でのこのような哀歓の想い出は尽きない。

「野分」でカビエンからアドミラルチー諸島に陸軍を輸送したと同じ時期に、ニューギニア島のフィン　シュハーフェン付近での攻略戦に敗退した陸軍第七十九連隊（朝鮮・龍山）の一兵士であった一歳上の従兄（掛井隆夫）は、撤退中、ガリ付近でこの月の十日以降、行方不明となった。

「野分」がロレンガウの地に行動したのが同じ月の二十二日で、はるか四百カイリの距離を隔てていたが、内地の肉親にとっては心情的にきわめて近くと映る。もちろん筆者は当時知るよしもないことであった。

台風について

季語野分は台風の別称であった。

「野分」は「捷号作戦」に参加するために横須賀発で佐世保に寄港のうえ待機泊地リンガに回航したが、この途中、遠州灘で猛烈な低気圧に遭遇した。時期的に台風であったろうか。

筆者はこの艦のなりたての航海長であり、長時間陸上も見えず艦位が出せなかったとき、雲間から突然太陽が出て六分儀で高度を測り、艦位を出してことなきをえた。

この航海の続きで佐世保に寄港したのち、戦艦「榛名」を護衛して日本を後にした。途中で仏印（現在のベトナム）のカムラン湾で補給後、回航部隊がこの湾を出た直後、猛烈な荒天となり、「榛名」を中心とする艦隊は待ち伏せしていた敵潜水艦の攻撃をうけた。「野分」が目標であったが、幸いに魚雷は艦底を通過して反対側で爆発したために、またも難を避けることができた。

このときの荒天も、時期的にも南シナ海に入り込んだ台風によるものであったろう。もし晴天の暗夜であったら、潜水艦はレーダーで探知した目標を、潜望鏡を揚げて艦種を判定して、駆逐艦ならば魚雷の調停深度を浅くし攻撃するので、命中はまぬかれなかった。

しかし、当夜も荒天のため潜水艦は艦型を確認できなかったので、魚雷の調定深度を戦艦に合わせたのであったろう。

このように「野分」は、この航海中に二度も守護神、台風の恵みをうけたと思いたい。

わが海軍で台風にちなんで命名されたのは、この「野分」だけであったが、昭和十九年十月のフィリピン沖海戦に完敗し、その劣勢を挽回するため戦争も末期、台風シーズンの悪天候と夜間を利用し、敵の機動部隊に必殺の航空魚雷攻撃を敢行するために「T攻撃部隊」が編成された。

仰々しい鳴り物入りで行なわれたこの作戦も、搭乗員の未熟な航法能力を考えない無謀な計画を強行した源田実参謀の発想であったという。このようなことはたびたびあったと聞く。

しかし、台風を利用し、日本軍に探知されることなく近接したのはハルゼー艦隊であり、このT攻撃部隊を完膚なきまで叩いてしまった。

この「T」なる冠称は、台風時の攻撃にその狙いを置いたところから、英語の「タイフーン」の頭文字を意味するものともいわれている。このとき、この隊名を「野分攻撃隊」としたのでは様にならなかったであろう。

アメリカ艦隊は台風を「ゼロ任務部隊」と呼び、特攻についでおそれた。

昭和十九年十月二十六日に「野分」が海面からその姿を没してから幾ばくもない十二月十八日に、この近海で艦隊に燃料を洋上補給中のハルゼー機動部隊は、気象担当官コスカ中佐の予想の失敗から猛烈な台風「コブラ」に襲われて、大損害をうけた。

損害は大きくて、戦死七百九十名、駆逐艦三隻沈没、航空機流失百四十六機であった。そのときの風速は秒速五十五メートル(百十ノット)、波高二十メートルという猛烈なものであった。

さらに、スプルーアンス艦隊は、翌二十年六月五日の沖縄戦の同海域において、またも来襲した台風「バイパー」によって戦死六名。重傷四名。戦艦四隻、空母八隻、巡洋艦七隻、駆逐艦十四隻が何らかの損傷を負い、航空機の破壊・流失七十六機、損傷七十機であったという。

台風の発生時期はすでに過ぎ去っていたことから、「野分」の乗員の怨念が台風を呼び込み、台風に乗り移って日本の艦隊、航空隊がなし得なかったことをしたのであろうと、身びいきに考えている。

アメリカはこれを戦訓として、南西太平洋海域での台風予報組織、気象組織やその通信網について根本的な改革がただちに行なわれた。

その昔、日露戦争後、明治四十一年十月に米大白亜艦隊は日本を訪問した。この艦隊は、マニラ湾から日本への途中、各艦がバラバラになるような台風に突入し、一隻が前部マストをもぎ取られた。乗組員二人が舷外に流され、無線アンテナを吹き飛ばされた。

このとき、ハルゼーは乗組少尉であったから、台風の怖さは分かっていただろう。

「野分」は王朝風の優雅な艦名を引き継いだが、その生涯は台風的な激しさ、荒々しさと乗員の雄々しさとを持って戦い抜いたものとなった。

終焉の地は比島東方海域であり、台風の銀座通りである。時期的にも台風シーズンであった十月下旬だったから、近くにいた台風の神様が、自分の名をつけてくれた艦を膝元に呼び寄せられたのであろうか。

だから、サマール島沖海域の守護神としてふさわしく、守屋節司艦長および二百七十二柱の戦友は、水深三千三百メートルの冷たい超深海であるが、親神さまの暖かい膝元に永眠している。

筆者は、毎年、彼らが台風にのせてもらって故郷を訪れている、と台風が来るたびに思い出すのである。

初代の「野分」

初代の「野分」は、二代目艦に乗艦した筆者にとっては遠い存在であり、その戦歴、行動を知ることはなかった。排水量三百八十一トン、日露戦争直後の明治三十九年十一月に佐世保海軍工廠で起工され、四十一年一月に就役している。

明治後期――大正年間の良き海軍の第二艦隊第二水雷戦隊（司令官はのちの総理大臣岡田啓介、当時少将）の第九駆逐隊（野分、白妙、白雪、松風）に所属し、第五、第八、第十二、第十三各駆逐隊とともに第一次世界大戦では青島方面警備に参加した。

このクラスは、日露戦争のため急速に量産された国産駆逐艦で、はじめ単檣、四本煙突であったが、後に無線用の短い後檣が艦尾に近く設けられた。そして、大正十三年四月一日に、ぶじ任務を果たし除籍されている。

その間の経歴は、とくに調べていないが、大正六年ごろ、艦隊の一艦として別府湾に威風堂々入港してきたときの状況を、歌人木下利玄がその日記に残している。当時のよき艦隊の勇姿を彷彿させるものである。

近頃は四海波静かなれば軍艦もこの浦に来てどんだくをせり。午後海岸に出て見ると軍艦が沢山きている。

まだ後から駆逐艦隊が入港しているところだった。それを子供らしい心地でながめた。

敷嶋、朝日、肥前、阿蘇

ミナツキ、ナガツキ、キリツキ、ウヅキ

十五号潜水艇

飛行機母艦　若宮

水雷旗艦 韓崎、駒橋
潜航艇八隻、子ノヒ、ワカバ、ウシホ、アサカゼ、マツカゼ、アラレ、シラユキ、ノワキ
つまり第二艦隊全部だといふ。兵の白服が町を沢山歩いている。

これは歌人佐々木幸綱(朝日歌壇選者)が昭和六十三年三月発表の随筆中に引用したものである。そしてこの歌人はいう。

「三十二歳の男の書いたものだと思うと、つい楽しくなってくる。そんな日記だ。ただこう言われてみると、利玄が軍艦に夢中になった気持ちは、私にも分かるような気がする。軍艦は、今も昔も、鋼鉄で出来たエロティックな精密機械である。頑丈で男性的な外部、清潔で繊細な女性を思わせる内部の精密機械、日本海軍の軍艦の写真は、幼年時代の私の宝だった」

僚艦の最期

後述するところであるが、栗田本隊がサマール島の北端、サンベルナルジノ海峡から太平洋上に出たころ、別動していた西村支隊は、昭和十九年十月二十五日午前零時十五分にレイテ島スリガオ海峡に進入し、「満潮」「山雲」「朝雲」は、湾内の島かげに隠れていた敵魚雷艇の攻撃をうけながら進撃した。

だが、待ちかまえていた敵駆逐隊の雷撃により「満潮」と「山雲」がつぎつぎと撃沈され、

また「扶桑」「山城」「最上」「時雨」「朝雲」も待ちかまえていた敵戦艦、巡洋艦の砲撃と駆逐艦の雷撃により、「時雨」を除き全滅した。

余談ながら、このときの敵駆逐艦の一隻が創設期の海上自衛隊に貸与され、護衛艦ありあけとして復活、筆者も一時期この艦長を務めさせてもらった。

第四駆逐隊では、高橋隊司令、小野山雲艦長以下、各艦の若干名を除いて、総員が帰らなかった。

僚艦三隻の乗員のうち、「山雲」の下士官兵三名、「満潮」で艦長をふくむ四名、「朝雲」でも、艦長をふくむ五名がそれぞれ漂流、人事不省となっていたところを米軍に救助され、レイテ島捕虜収容所に収容された。

第四駆逐隊がレイテ島沖海戦のため佐世保を出撃する前夜、各艦の中堅クラスの士官たちが、筆者をふくめ戦局の前途を憂慮し、夜を徹して痛飲したが、そのうち「満潮」航海長で人気者の渡辺君、もの静かな軍人らしからぬ山雲航海長渡辺朋彦君がともに還らなかった。

共に筆者とは同期の桜である。

「満潮」の渡辺君は、沈没後、海中に投げ出されたが、部下を励ましながら島に向け泳いでいったことを、一緒に漂流中であった艦長からうかがった。が、その後は、不幸にも消息が途絶えてしまった。

何名かは島に泳ぎついたと思われるが、消息は依然不明である。

最近、比国ゲリラによる敗残の日本軍人にたいする虐殺の回顧状況を、平成五年八月のＮＨＫテレビの太平洋戦争回顧シリーズで放映されたのを見て、彼らも、また後述する高橋野

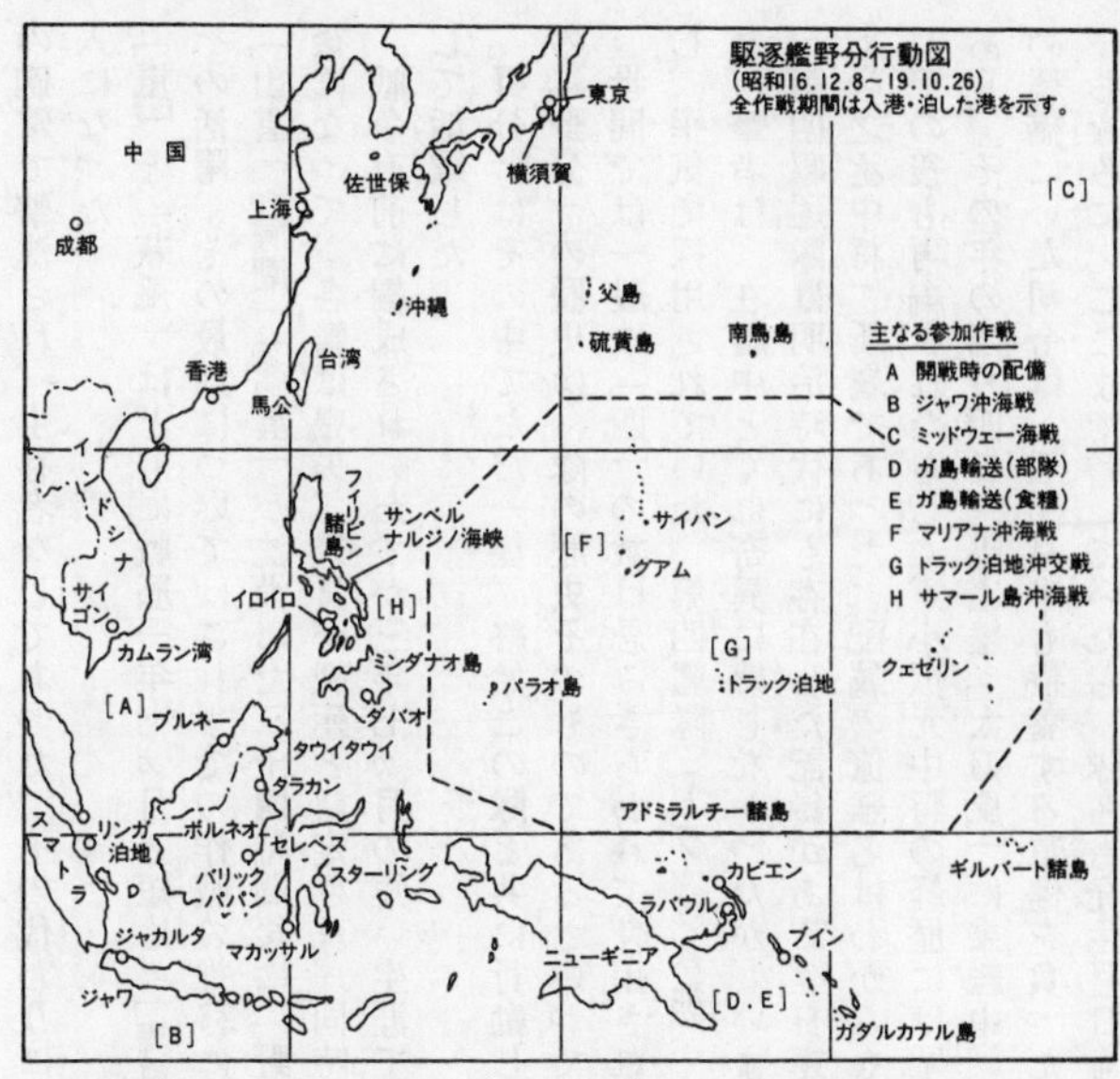

分砲術長もそうであったのかとショッキングであったが、ゲリラと身一つで闘ったのであろうか。胸がふさがる思いである。

第四駆逐隊の歴代隊司令は、武人として立派な最期を遂げられた方が多い。

初代の佐藤寅治郎（巡洋艦「神通」艦長としてソロモンで）をはじめ、有賀幸作（「大和」艦長として沖縄で）、杉浦嘉十（「羽黒」艦長としてペナン沖で）、磯久研磨（在隊中に「舞風」乗艦、トラック島沖で）の各大佐の活躍とその最期については既に述べた。

隊編成時には、「野分」「嵐」「萩風」および「舞風」の四隻であったが、「嵐」「萩風」はソロモンで轟沈、「舞風」はトラック島沖で敵巡洋艦の砲撃で撃沈され、生存者なしであった。その代わりに「山雲」「満潮」「朝雲」が新たに編入になった。

「嵐」と「萩風」はともに戦歴一年七ヵ月と短く、「舞風」が二年七ヵ月と少し長かったが、その活躍、その最期についてはこれまでの作戦の推移に応じて述べてきたところである。

「山雲」「満潮」「朝雲」が沈没した二十四時間後に「野分」も行方不明となり、その六ヵ月後になって、各艦は喪失、乗員が戦死と認定され、同時にこの隊も解隊された。

戦争直前に編成され、わずか三年七ヵ月の短い生涯であったが、つねに連合艦隊の花形として活躍した。

「野分」はその中でただ一隻、終始この隊と共に行動し、レイテ島沖で行方不明となるまでの「野分」の歴史は、隊の歴史そのものであるといっても言い過ぎではなかろう。

世間では一般に「四」の数は忌みきらわれて使用されないが、旧海軍ではこの常識を打破し、平気で採用されていた。第四艦隊（トラック基地）、そしてこの第四駆逐隊しかりであった。筆者は、在艦中とくに奇異に感じなかったが、いま、ふとこのことが頭に浮かんだ。

第四駆逐隊は明治時代にも存在した記録がある。日露戦争の日本海海戦には第二艦隊（村上彦之丞中将）所属であった。配属の僚艦名はわからないが、その後、解隊されている。

その後も再編されたらしく、小沢元中将の経歴には昭和六年に第四駆逐隊司令をされたとあり、その年の四月四日、駆逐艦「太刀風」に乗艦中、低気圧に遭遇した。猛烈な荒天のため艦橋にいた司令は、三ヵ月半も療養する重傷を負ったという。

ちなみに、ここまで書いていたら、隊名も発生月日もすべて四の数字の並びであったことに気がつき、やはりと因縁を感じた。

われわれの第四駆逐隊は三代目となるらしいが、われわれはこのようなことはもちろん知っていなかった。

この三代目の隊は、編成時から連合艦隊の第二艦隊第四水雷戦隊（旗艦「長良」）に所属していたが、編制の変遷により第三艦隊第十戦隊（旗艦「阿賀野」）に編入され、「阿賀野」の沈没により旗艦が「矢矧」に変わるが、この「矢矧」の配下で、その幕を閉じたのである。

旗艦の一隻であった「阿賀野」は、ラバウルで受けた大損傷をトラック基地で仮修理して、内地に帰るため同島を出港した直後に、礁外で待ち伏せしていた敵潜水艦の雷撃により沈没した。それはトラック大空襲の前日（十九年二月十六日）であった。

現在、呉海軍墓地の一角に阿賀野慰霊碑が建てられているが、その周りを所属の駆逐隊の各駆逐艦（子隊と呼ぶ）の名を刻んだ石柱で護られた形になっている。

その石柱の一つには「野分」の文字が見え、当時の第四駆逐隊（嵐、萩風、舞風）、第十七駆逐隊（磯風、浜風、浦風、雪風）の各艦、そのほか「時津風」「天津風」の名前が刻まれている。

第七章　比島沖に死す

決戦の時きたる

マリアナ沖海戦中にも、ダバオ行動中でも、乗員の交代が発令されていた。着任予定者にとっては出陣中の「野分」が果たして帰って来るのか、やられて帰れないのか、期待と不安の気持ちをもって海兵団での仮入団を余儀なくされていた。この溜まっていた約三ヵ月間分の乗員交代が、七月十五日の横須賀帰港と同時にはじまった。

入港の翌日、砲術長宇野一郎大尉（海兵六十八期）が練習艦の「出雲」分隊長として赴任し、第六代目、最後の砲術長となった高橋太郎大尉（六十九期）が巡洋艦最上分隊長から着任する。

高橋大尉は、発令をうけてからは東京の自宅で待機し、心休まるひと時を過ごしていたであろうが、着任してからは出撃準備で多忙をきわめている。砲術長二番目の弟である鐵郎生徒（七十五期）が江田島から夏休暇で帰省した。

彼によると、長兄が待望の「野分」勤務になったと張り切って帰り、次兄義郎中尉（筆者と同期）も第四十期の飛行学生を修了して横須賀海軍航空隊に勤務していたので、中学生だった弟の磐郎さん（兵学校最後の七十八期生徒の受験準備中、のち合格）をふくめ、兄弟四人が一夜ゆっくりと会うことができたという。

父は呉鎮守府長官をしていた高橋伊望海軍中将（三十六期）であり、このとき体調をこわして軍令部出仕となり、沼津におられたが、母晴子さんの喜びはいかばかりのものであったろうか。これが四兄弟がそろった最後の団欒となり、三ヵ月後に父中将のもとに、「野分」行方不明の第一報が囁かれることになろうと、かねてより覚悟の一家ではあったろうが、想像もしなかったことであろう。

高橋罐長の後任に発令された鈴木定一機関兵曹長も、准士官教育が終了した五月末から横須賀で待機している。この着任待ち時期、新婚直後の夫人芳枝さんを焼津市から呼び寄せ、約二ヵ月間、充実した生活を送った。

だが、この短い期間の楽しい生活が逆に悲しい想い出となるのである。彼女はこのとき夫のわすれ形見を身ごもり、一人息子の弘さんが生まれたのは翌二十年四月であり、「野分」はすでに南溟にその姿を没している。このころ遺族に戦死の公報が届いたが、この一家には来なかった。

隊軍医長で「野分」に乗艦指定されていた鈴木礼三郎軍医長が退艦赴任し、隊付軍医官として秋田軍医中尉が乗艦してきた。この軍中（軍医中尉）はその後、乗艦指定が変更になった。機関長付として増川清寿機曹長が着任し、前任の滝田正延機曹長が退艦赴任したところで、「野分」幹部の交代が終了し、決戦にそなえた新メンバーが一応揃った。

退艦した下士官兵の詳細は明らかでないが、兵曹長に昇進して准士官教育を受講することになった佐藤寅男兵曹の横鎮付、開戦直前あわただしく乗艦した大井政雄暗号員長の大湊通信隊付がある。砲術員で酒保長のK兵曹は艦長とのトラブルがあり、突然転勤を告げられ、退艦させられたことが逆に命拾いとなる。

大湊海兵団に転勤になった斉藤辰夫電信員長は、その後も幸運に恵まれ、当時の心情を偲びつつ追悼してくれた。

「当時、私が最後の退艦者だと思っていましたが、（戦死した「野分」の戦友に対し）何事もできぬため機会あるごとに、ときには南に向き、心に祈禱いたしつづけています。十九年春（マリアナ沖海戦直前の移動）でそれぞれに退艦していく同僚の姿を舷門から見送り、ふたたび作業につくときの自分自身の気持ちは、現在ではとうてい理解のできるものではない。女々しいと思われるかもしれませんが、寂しい、儚いとでもいうのか。それに反して、三カ月後ダバオから帰港して私が転出退艦することとなった。当時のことを思うと、別離を知るだけに身を切られるようでした」

この人の後任者には、次席の内山春雄上等兵曹が昇格した。

四月から七月の間に発令、長い間「野分」の帰港を待っていたつぎの、多くは昭和十八年九月ごろ入団の新兵、術科学校での専門教育をうけた者はようやく着任できた。

①砲術員＝岡部与一、鈴木鋭一郎、菊地弘己
②水雷員＝（水測員）川畑弥太郎
①か②？＝大原鉱衛、林政儀、有賀定重、浅川袈裟雄、高橋久志、佐藤吉次、路奥徳之丞、

熊木正夫、榊秀吉、山中新吉、奈良幸吉、大里与吉
③航海科員＝(電信員)沢渡義昭、(電測員)大石真一、原辰雄、横田治八郎、横田治八郎、
高橋文夫、平塚寿、長谷川久一
④機関員＝黒沢房次

高橋辰男兵曹はこのとき一曹、昭和十二年の志願兵であり、主として航空隊に勤務していた。暗号の特別講習をうけて普通科暗号術の特技者と認定され、前出の大井兵曹の代わりとして暗号員長に着任した。

乗艦時、「野分」が駆逐艦であることを知らなかった和気暗号員は、ダバオから横須賀に帰る航海中に、高等科暗号術課程の予定者になっている電報文(暗号)を翻訳したので、分隊士の小林正一通信士に届ける前に知っていた。

横須賀入港後、人事部で調べたところ、後任の普通科暗号術課程を卒業した者がすでにシンガポールに向けて赴任旅行中であることがわかり、着任がいつになるのか確かめようがなく、本人は入校が絶望になるかと心配したが、交代者が発令されて予定どおり入校できた。

その交代者の名前を「戦没者名簿」で見てもわからないと、つぎのとおり回想している。

「駆逐艦の消耗はなはだしく、今度の出港が最後となるような予感のもとでの退艦は、残る戦友に申しわけないような複雑な気持ちで別れ、退艦しました。私の交代に乗艦してくれた新兵の暗号員は、乗り組んでいたでしょうか」

その交代者は、筆者の最近の調査によると、常磐炭田で働いていて妻子を残し応召された

皆川勝雄一等水兵であった。

戦局の進展にともない、この時期になると、国民兵役までの年配者が妻子を残して応召され、艦船にも配乗された。海軍では従来より志願兵を主とし、これに徴兵が加わり構成されている。

この艦と運命をともにした二百六十一柱の下士官兵のうち志願兵が六割、徴兵と応召者が残りで、応召者の内訳は「第一補充兵役」が五名、「第二補充兵役」が五名、「国民兵役」も七名もあった。彼らは昭和十八年十一月から翌年四月の間に召集され、七、八月に各艦に乗艦した。

このように、この時の新乗艦者は三十四名で、海兵団の新兵教育、各学校での練習生教育を終えたばかりの新兵がほとんどで戦力にはほど遠かったが、古い先輩の乗員たちとともにきたるべき戦闘で活躍、総員が「野分」と運命を共にすることになるとは、神のみの知る運命である。

年配の応召者は慣れない艦内での勤務、生活で、ずいぶん苦労していたことを見聞きして知っていたが、ただ激励するしかなかった。戦没時の年齢は三十二、三歳、後出の佐藤寿一一水だけが若くて二十四歳であった。

艤装時から開戦前までに乗艦し、「野分」の歴史を創った兵科のベテラン（兵曹）が頑張っていた。

①砲術員＝柴市三郎、田村治義、水谷幸次郎、梅津安正

②水雷員＝塚原朗、原嶋喜一

①か②？＝三川秀雄、草野国正
③烹炊員＝行部沢正

そしてさらに七月下旬から八月にかけて、つぎの者が乗艦してきた。彼らは内地での最後の乗艦者であった。

①砲術員＝（射幹）冨樫彦八
②水雷員＝佐藤五郎、小貫政吉、（水測員）高橋義吉
③航海科員＝（信号員）新井喜充、（見張員）佐藤寿一、（暗号員）高橋辰男（長）、皆川勝雄
④機関員＝野亦清（罐部）、八木幸一

右記の高橋暗号員長は、生後五ヵ月の娘さんを残し、妻日出野さんに乗艦の名前は「野分」で、春までには帰ってくるとのみ告げた。日出野さんにとっては、初めて知る夫の艦名であった。

このように遺族のほとんどは「野分」に乗艦していたことすら、ましてどのような行動をしていたかも知るすべがなかった。今では信じ難いことであるが、軍の機密というヴェールですべておおい隠され、肉親の情の入り込む余地のない時代であり、息の詰まる思いにかられる。

このように新しい陣容となり、ダバオ行動の一ヵ月間の遅れのため、母港での整備もそこ

そこに油槽船を護衛して八月三日、粛々と横須賀をあとにした。悲喜こもごもな人生模様をのせ、家族の見送りもなく、ふたたび帰らざる出撃であった。

艦隊乗員は出港のたびに最後と覚悟していたが、このときは誰もの心配が的中することになる。筆者も当時をかえりみると弱冠二十二歳の若武者（！）であり、軍人となるために教育されてきたから、このようなことは当たり前のことであると割り切っていた。こんど帰るのは何ヵ月後であろうかという淡々とした気持ちであったようだ。

土佐沖回りで佐世保に回航中、遠州灘から南九州沖までの間は猛烈な低気圧に遭遇した。時期的に台風であったかも知れない。護衛していた大型油槽船は風波に強く、単独で航行して行き、佐田岬を回り東シナ海に入ったところで追いついた。何のための護衛であったか。

このとき長時間、陸上も見えず、艦位が出せなかった。今のような航海用レーダー、ロラン、GPSシステムなどの電波航法機器もなく、無線方位測定機だけが唯一のものであった時代である。紀伊水道の南にあるだろうとの「推測艦位」を出していたものの、誤差範囲は大きい。

雲間から突然、太陽が出そうになったので大急ぎで六分儀を出し、その高度を測る。吉沢信号員（トラックで活躍した）は心得たもので、言われなくても経線儀（精密時計）で時刻を記録する。あとは球面三角による『新高度方位角計算表』を使って、その時刻の太陽の方位と高度を計算するが、位置の線が一本だけでは艦の位置を決定できない。こんどは電信員が四国の放送局の電波方位を、相当な誤差であるが何とか測定してくれる。

航海長、信号員と電信員の三位一体の訓練の賜物で相当正確な艦位が出て事なきを得た。

航海科員の構成はつぎのとおりであった。
通信士　小林正一（七十二期）
航海士　内藤敏郎（七十三期）
信号員　菊地近雄（長）、吉沢修一、福士俊男、金子章、小田島善吉、中畝隆造、荒井喜充、佐藤力三、渡部六郎、佐藤寿一（見張）、船越多八（隊信号員長）
操舵員　横田多一郎（長）、岡崎章、小又佳一
応急員　大森捨蔵、西村周次
電信員　内山春雄（長）、木村尚之、磯野利英、浅野一夫、海上弘毅、田中稔

佐世保では、整備が遅れて出撃を待っていた戦艦「榛名」をリンガ泊地まで護衛する任務が待っていた。

この地において、第四駆逐隊の三艦が久しぶりに一堂に会した。このころになるとほとんどの駆逐隊は、子隊（ねたい）の駆逐艦が一隻また一隻と沈没して隊の再編成が行なわれた。四駆逐隊でも新編以来の艦は「野分」だけとなり、「山雲」が昭和十八年九月に、「満潮」が翌十九年三月に、「朝雲」が一ヵ月前の七月十日に編入されたが、このときは「朝雲」が別動していてリンガ泊地で合同することになる。この隊も編制上では久しぶりに四隻となった。いずれも修羅場を強い運命で切り開いてきた生き残り艦ばかりである。

各艦の若い士官連中が期せずして「山」で「パイ一」をした。「山」とは料亭万松楼、「パイ一」とは「一杯やる」を逆さにしたいずれも旧海軍の隠語で、各艦の科長が一堂に会した

この夜の宴席は最初で最後となった。若い士官はこの「山」が専用で、士官室士官愛用の「川」(いろは楼)があった。

水雷長宮内正浩大尉は、海軍特務士官の子息であった関係で、旧制佐世保中学校の出身、自宅にはご両親と中学生であった弟正信さんがおられた。

弟さんの回想によると、出撃前のある夜、同期生の高橋砲術長と藤原中道大尉(「満潮」水雷長)を自宅に招待、一夜を歓談したという。家族は戦局が逼迫していることを父親から聞いていたであろうから、これが最後となるかも知れないとの不安があった。それでもお母さんは、中将の息子さんが来てくれたというので感激して歓待されたが、ここでも最後の団欒となった。

翌日(八月十五日)、弟正信さんは、勤労動員先の佐世保海軍軍需部(燃料廠)で、一隻の戦艦を囲んで三隻の駆逐艦が辷り去るように庵崎沖を出港するのを、武運長久を念じながら懸命に帽子を振って見送った。戦時中のため、舷側の艦名も、煙突の識別マークも消してあり、兄の乗る艦がどれであったかを識別することができなかったことが残念であった、と今でもはっきり記憶されている。

艦上では誰もこのような見送りがあったことも知らず、烏帽子岳、向後岬の灯台に別れをつげ、佐世保を後にした。知っていたのは兄の水雷長だけであった。

沖縄の中城湾で燃料を補給したのち、二年半前の開戦時に展開した泊地、仏印のカムラン湾に再補給のため錨をおろしている。もちろん、このときの乗員のほとんどはこのことを知っていない。

回航部隊がこの湾を出た直後、待ち伏せしていた敵潜水艦の雷撃をうけた。「野分」が目標であった。幸いにも、魚雷が艦底を通過して反対側で爆発したために危うく難を避けることができた。

当夜の哨戒長は航海長の筆者であり、猛烈な降雨の闇夜、旗艦の方位を見失い、敵潜水艦の攻撃を避けるための之字運動の変針時刻が狂ったらしく、所定の占位位置に着くのに苦慮していたときである。

筆者は、午前零時から四時間の一番きつい当直が割り当てられていた。敵のレーダーの電波を逆探知する「逆探」に感度があったが、慣れないことと連日の疲れのためか、まごまごしているうちの被雷であった。

さいわい艦底通過後の爆発で、そのため海面が盛り上がり、一面の白泡で闇夜の視界が開けたように感じたことを今も想いだす。今でこそ言える失敗談であり、その直後、旗艦「榛名」からの問い合わせがあった。

このときの荒天は、時期的にも南シナ海に入り込んだ台風によるものであったろうか。もし晴天であったならば潜水艦は潜望鏡を揚げて艦種を確認し、駆逐艦ならば魚雷の調停深度を浅くして攻撃する。もちろん命中し、轟沈していたであろう。

新しい兵器、電波探信機（いわゆる「電探」、レーダー）はまだ使い物にはならなかったが、担当員の苦労は大変であった。みんな通信、電測各学校での教育をうけ、出撃直前の乗艦であったので、技量は十分ではなかった。

電測員長　長津直治（ラバウル行動以来）

電測員　高橋文夫、平塚寿、長谷川久一、原辰雄、横田治三郎、大石真一

その後、西沙、南沙群島を南下し、二十一日、シンガポールに到着し、未整備であった「電探」の改造工事を行なった後、「満潮」と「山雲」が先に、「野分」が数日遅れて単艦でリンガ泊地に到着し、すでに集合していた大艦隊に合同した。

このシンガポールの第十特別根拠地隊に勤務していた野口作十郎一等機関兵は、二十三日、「野分」乗組を命ぜられてこの地で即日着任している。海兵団卒業後の海軍工機学校第八期普通科内火術練習生を終え、四月末にこの地に赴任していたが、横須賀所属の艦に乗艦できた喜びは大きなものであったろう。しかし、それも束の間のことである。

故郷を遠く離れた南方の地において、この機関兵は、最後の配乗者となったのである。運命のいたずらであるが、厚生省での調査で初めて判明したことで、海の底から野口一機の、「私のことをよく調べて捜し当ててあててくれました」の語りかけは筆者だけに聞こえる。

このような人事上のことを解明しなければ、血のかよった記述はできないとの信念で、約二百余名の遺族の委任をとりつけ、厚生省保管の「個人履歴」を手書きした。この記録をもとに各人の所属分隊、乗艦時期と場所を推定して本文中に明示した。しかし、約五十柱の調査ができなかったことは心残りである。

リンガ泊地は、すでに述べたようにシンガポールからそう遠くないスマトラ島東沿岸の洋上、東経百五度線の赤道直下、艦隊待機泊地として整備されていたものである。産油地帯（パレンバン）に近く、静かな海、白い砂浜、椰子の樹木などが繁り、十二サンチ双眼鏡の

視野内に映る猿の戯れる島にかこまれ、戦艦が自由に航走して射撃ができる広さがあった。

まさに赤道直下、連日雲一つない快晴の空はあくまで澄みわたり、夜は星が美しい。艦内の一日は早朝訓練から始まる。日出の一時間前に総員起こし、艦長の指揮で、黎明下での各種の戦闘訓練を実施する。朝は椰子の彼方の東からようやく爽やかに明けてくる。その方向のすこし北が内地であり、思いをそこにはせるのが日課であった。太陽があがると、もう酷暑である。

毎日同じような訓練があり、食事と就寝時間のほかは寸暇もない。鉄板の艦内は酷暑、露天甲板もまた酷暑、さえぎる日陰はなく、上甲板に張った天幕や砲塔や魚雷発射管の下が休息場である。

泊地では毎日が軍歌「艦隊勤務」に歌われている「月月火水木金金」そのものの猛訓練であり、赤道直下の出動では、昼間および夜間での訓練がつづく。赤道を幾十回となく通過するが、もちろん赤道祭などする余裕はなかった。

大艦隊を挙げて敵港湾に突入し、敵輸送船団を徹底的に叩くような例は今まで行なったことはないので、この訓練はとくに重視された。

「輪形陣」の採用による航行訓練と爆撃回避運動の演練、大被害にたいする応急処置、レーダーと併用した夜戦における星弾射撃、機銃と三式弾の使用による対空射撃が重点訓練項目として行なわれた。

訓練が終わると、作戦打ち合わせの連続である。膨大な「捷号作戦計画」を勉強するのは大変なことであった。

楽しみはシンガポールからの補給船の到着であったが、食卓に出る水牛の肉はうまくなかった。艦内で製造するラムネが唯一の清涼飲料水で、内地から放送される無線の電報文から作製された電信室発行の手書きガリ版刷りの「野分新聞」が出ていた。この担当は小林通信士と内藤航海士の仕事だった。

武運長久を祈る

そのような時期、昭和十九年九月十五日に、電信室は、筆者の運命を変えた人事異動発令電報を受信した。まさかこの地に進出しての転勤などまったく予想外のことであり、通信に関することは航海長である筆者自身の担当職務であるから真っ先に知り、胸の鼓動が残っているうちに艦長に届けた。

横須賀鎮守府付被仰付
野分航海長兼分隊長　海軍中尉佐藤清夫（五九一〇）
補野分航海長兼分隊長
野分乗組　海軍中尉小林正一（六五七三）
補野分乗組
海軍少尉内藤敏郎（七五二四）

筆者の転勤発令は、この泊地での連合艦隊における最後の人事交代であった。艦内での移動であったから即日の交代、申し継ぎ事項はなかった。艦外からの着任であったなら、この作戦が終了するまで延期されたことであろう。

防衛研究所にある『海軍辞令公報』綴りに残っているこの日付で、この決戦艦隊から転勤になった関係者は駆逐艦十五隻、巡洋艦は「多摩」「羽黒」の二隻、戦艦は「金剛」「日向」の二隻にわたる計四十一名である。

そのうち艦内での交代、航海長に昇格した筆者の期友一名と七十二期生の八名、その後任者として通信士になった若武者の七十三期生の十三名を除き、退艦した員数は二十名だけであった。

航海長クラスとしては筆者のほかに高等商船学校出の予備士官九名、通信士クラスとして水上特攻震洋隊指揮官予定の期友一名と七十二期生九名である。

これらの艦のうちで、この作戦中に沈没したのは「多摩」「初月」「浦波」「早霜」「藤波」「朝雲」、そして筆者の乗艦である。これらの艦からの退艦者は当時を顧みて同じ想いであろうが、終戦まで生き残ったのは果たして何名であっただろうか。

このほかに、この第四駆逐隊主計長であった筆者のコレス(相当期)三宅隆主計中尉も、同じく東京の海軍経理学校の教官として転出していた。すっかり忘れていたが、やはりこの公報にあった。

筆者と同じに発令された同期生、巡洋艦「香椎」乗組の中地勘也君(五七八四)は「多摩」通信長に発令されたが、その艦は内地から出撃した小沢艦隊本隊に所属し、エンガノ岬海戦の対空戦闘で被爆、護衛艦もつけられず単独で沖縄に向け北上中、だれにも見取られることなく行方不明となる。『モリソン戦史』によると、潜水艦の魚雷で沈没、生存者は一人もなかった。潮の岬に近い和歌山県古座の生まれで旧制大阪府立住吉中学校出身の秀才、兵学校卒業成績は十九番であった。

フィリピン沖海戦で、筆者の同期生が多く戦死した。九月から年内の間に航空戦で四十四名(うち神風特攻が十名)、水上艦艇で十五名、潜水艦で二名の合計六十一名である。全戦死者三百三十一名中の二割近くが、この四ヵ月間に散華したことになる。

航空戦で戦死した同期生の搭乗員はほとんどが一年間の養成により、この年の六月に卒業したばかりの第四十期飛行学生の出身者で、まだ技量未熟な小隊長として、半年前に卒業したやや実力の向上した第三十九期出身の同期生と共に、これまた未熟な部下とともに戦場に狩り出されての犠牲であった。

右で述べた転勤発令電報にある括弧内の番号は、海軍において定期的に更新された赤表紙の『現役兵科海軍士官名簿』にある電報符である。

この番号は「軍令承行」(部隊の指揮権や継承順序)を示すもので、伏見宮博恭王元帥が一番であり、筆者は五千九百十番目の兵科士官であった。元帥府に列せられると、終生現役であった。まことに厳しい階級制度の旧海軍であり、指揮命令を実行するために同期生といえども、一番違えば指揮官となり部下となるのは宿命と考えていた。

江田島の卒業成績がそうさせたのであり、「ハンモックナンバー」(卒業席次、遠洋航海のとき与えられるハンモック〈釣り床〉の番号に由来する)という摩訶不思議な怪物がずいぶんと弊害を残した。

これはとくに作戦の各級指揮官における人事について、戦局を左右することが多かったと言われている。

日本のように成績優秀者で、中央での経歴があることで任命された。いわゆる「赤煉瓦組」で、「両舷直」でないものが大手を振るったのであった。

米側はどうであったのか。つぎのような戦史の記述がある。

「海上生活が板についた太平洋の最高責任者、ハルゼーとスプルーアンスが海へと連れていった大規模な機動部隊は、戦争計画の経験のない飛行士の腕の振るいどころとなった。海軍でもっとも優れた能力を持つ戦略家たちの個人的な特質は、みんな海上での経験が豊富な兵科士官で、高い知力と仕事にたいする適性を備えた人材であった。正しい判断を下すために不可欠な特性は、彼らの絶え間ない研究の結果か、あるいは妄想であれなんであれ、とにかく想像力を働かせた所産であるかもしれないが、どちらの流儀もそれぞれ役立つもので、有能な人物の多くはその両方を兼ね備えていた。

海軍の計画担当官は戦時中、決定的に戦局を分かったような大失敗を犯すことはなかった。戦争が始まるや、勇ましい古強者の強引さと、今様の管理職の慎重さという紋切り型は、いずれもはや時勢と相いれなくなってしまった」（傍点は筆者）

米海軍におけるスプルーアンスとハルゼーを交互に交代させるニミッツの作戦指導は、太平洋海域での作戦を息もつかせず実施して日本を追い落とすための戦略で、チームワークそのものであった。まことに合理的な人事であった。

そのスプルーアンスの部下指揮官と幕僚（幕僚長のカール・ムーアー大佐、海兵隊の上陸指揮官スミス少将、支援機動部隊のターナー少将）は、いずれも歴戦の経歴を持っていたことはもちろんである。スプルーアンス自身が海軍大学校の教官をしたにもかかわらず、対日戦略計画の「オレンジ・プラン」には何ら参画していなかったので、その経験のある同期生のカール・ムーアー大佐を幕僚長に選んだ。このムーアーはきわめて優秀であったようであるが、巡洋艦長のときに艦を座礁させたことで、スプルーアンスの推薦にもかかわらずついに提督になることができなかった人物であった。

寺崎隆治氏（五十期）は、その著書でも、生前の座談会でも、つぎのとおり言っておられた。

「その当時は、年功序列とか、クラスの成績がいいとか、軍令部に永くおったとか、何とか、それよりも用兵作戦にイニシアチブを出す人と、両舷直というか、実施部隊の経験があって自信を持って引きずり回して目的を達成できるとか、そういうことが重点でなくてはいけなかったと思う」

また、戦時中ずっと欧州の駐在武官補佐官であった渓口泰麿氏（五十一期）も回想される。

「Yさん、Aさん、みんな海軍大学校の恩賜組で、俺が俺がという、みんな自信の強い人なのですよ。本当に弱りました。ああいう制度は制度の問題はもちろんあるし、人の組み合わせ（チームワーク）を考える必要があるということを痛切に感じました」

このような成績優秀者は、それまでは温存され、第一線には出されなかったと聞いているが、戦局苛烈となったこの時機、六十三期からわがクラス（七十一期）までのクラスヘッドは、うち二名を除き、すべて戦死し、中央で問題になったと聞く。

駆逐艦長、潜水艦長、航空隊長各一名、駆逐艦の科長三名、巡洋艦分隊長一名であった。

これらクラスの戦没比率はおおむね六十パーセント内外であった。

昭和十七年十一月に卒業したときの筆者同期生での御賜の短剣拝受者十人のうち、四名もこの時期の戦死である。首席であった東京府立一中の田結保が「筑摩」（「野分」が救助に当たることになる）に、十席の神戸三中の奥西平治が「愛宕」にそれぞれ乗艦して栗田部隊本隊に加わり、レイテ沖海戦で、三席の横須賀中の加藤正一（父特務士官、空母「信濃」で戦死）と七席の浜松一中の安達裕も直前の「台湾沖航空戦」でそれぞれ戦死している。そして、

昭和19年９月、総員帽振れの見送りをうけ「野分」を退艦したが、その情景を筆者自身が描いた絵。

御賜ではないが十一席の田辺雅孝（福井県立小浜中、父特務士官、期友木下武雄とともに）はこの作戦に参加して沈没した鳥海乗組であった。

その後、五席の東京府立三中の山本達雄がソロモン海域での潜水艦作戦で、六席の鹿児島一中出身曽山威人が松島湾付近での航空機事故でそれぞれ戦没した。

戦争中、「恩賜の煙草を頂いて、明日は死ぬぞと決めた夜は……」と歌われたが、田結君の妹・村林小枝子さんによると、父親、義兄と兄の三振りとも「御賜」と刻印されていると知らせて頂いた。関係のなかった者には初めて知ることである。

なお、今期大戦での海軍での戦死の総計は、将官・四十七名（うち大将二名）、佐官・千余名、尉官・六千

二百余名、特務士官と准士官・六千二百余名、下士官・五万百余名、兵九万千名という途方もない犠牲であった。

この時機の戦局を振り返ると、九月十二日に中部フィリピンに空母機の空襲があり、十四日にはダバオ近くに敵が上陸したとの誤報事件が発生するなどで混乱状態にあった。

実際には米軍は、十五日にパラオ諸島のペリリュー島とハルマヘラのモロタイ島に上陸した。ハルゼーが実施した一連の陽動作戦における日本軍の反応から、機が到来したとのハルゼーの具申により、統合参謀本部は十二月決行と予定されていたレイテ上陸を二ヵ月間繰上げ、十月二十日に変更した。それは筆者の転勤発令の九月十五日であった。

筆者は、決戦が控えているので、内地に帰るまで退艦赴任を延ばしてもらいたいと、守屋艦長にお願いした。しかし、艦長は、

「艦内での交代であり、新しい航海長も、通信士も艦のことには慣れているので心配ない。君には横須賀での水雷長講習の予定が待っているから」

とのことで、二十二日、補給艦早鞆に便乗し、退艦することになった。

前日の二十一日とこの日にはマニラ地区が初めて空襲され、いよいよ敵はフィリピンのどこかに上陸することが濃厚になった。基地航空部隊がハルゼー指揮下のこの機動部隊を初めて攻撃し、関行男大尉（兵七十期）たちに神風特別攻撃をさせなければならない末期的戦況になって行く。

米海軍は当初フィリピン攻略を望まず、沖縄攻略を主張していた。そのとおりに作戦が実施されて、歴史の経過が狂っていたならば、フィリピンでの日米の陸海軍人、日比両国の民

間人の犠牲者の大部分はむざむざ死ななくてもよかった。フィリピンに関係の深かったマッカーサー、戦前はフィリピン軍の顧問であったこの最高の陸軍軍人の存在が大きく歴史を変えたのである。

ブルネー泊地に停泊中の「野分」(手前右)と「矢矧」(手前左)。その間に「大和」型戦艦が見える。このあとレイテ湾突入を目指した。

送別会は、艦内の士官室と第三分隊の居住区とでそれぞれ行なわれた。当時は艦内での飲酒は許可されており、巡検時間を過ぎても痛飲したが、アルコールに強い分隊員のつぎからつぎの杯、それも湯飲み茶碗であり、すっかり参ってしまった。交わす言葉はない。暗黙の別れであったが、それで十分に意志が通じた。

退艦当日、後甲板に総員が集合し、艦長から紹介があり、筆者は武運長久を祈る旨の挨拶をした。内火艇で艦を去るとき、総員が上甲板に並ぶ「総員帽振れ」で見送ってくれた。

この艦が最期を遂げるなどとは思いも及ばなかったので、みずからの天職として選んだこの配置で、千載一遇の決戦に参加できない不運のため、無念の気持ちが先に立っていた。そして、これまでの戦陣が走馬灯のように蘇った。

ソロモンの前線で戦死された山本元帥との出会い。旗艦「大和」で、短期間であったがいつも真っ白い制服を着用しておられた。毎日遠くから眺めているだけであったが、昼休みには右舷にある長官室上の露天甲板で、長官の食事にあわせて演奏される連合艦隊軍楽隊（吹奏楽団である）の熱演に聞きほれた。クラシックの曲も多く、外地にあることを忘れさせる一時であった。そして、お別れのときのお言葉。多くの参謀がいたこと（宇垣纒参謀長、黒島亀人首席参謀らは戦後知った）。

筆者は甲板士官であったから、司令部烹炊所を点検したとき、参謀長が鴨撃ちにいかれた成果があり、贅沢な物を食べているなということ。ともかく、「大和」は世界一巨大な戦艦であり、この艦に、しかもよき時代に約一年近くも勤務できたことなどである。

つづいて、この「野分」での十ヵ月間、敵の制空権下となったラバウルに二回も船団護衛したこと。その直後のトラック島で敵航空機と戦艦ニュージャージー、アイオワ、巡洋艦二隻に追撃され、ニュージャージーからの四十サンチ砲の艦砲射撃を無傷で交わしたこと。サイパン沖海戦では、空母の護衛で幸い直接の爆撃を受けることはなかったこと。いったん港を出れば、常に水中から攻撃をかけてくる潜水艦の攻撃にも耐えて、毎日が緊張の連続であったこと、などであった。

このような想いがつぎつぎに去来し、いまさらながら、「野分」の武運の強さを確信しながらの別れであった。

錨を揚げてシンガポールに向かう「早鞆」の甲板上から、後ろ髪を引かれるような気持ちで、だんだんと遠ざかる「野分」の艦影と上甲板で作業中の白い事業服の戦友たち、泊地に静かに錨をおろしている艦隊の艨艟の雄姿を見つめていた。時刻は日没ごろであったと記憶しており、夕闇が水平線をつつむまで筆者は甲板を降りられなかった。

添付の写真は、栗田部隊が敵機動部隊来襲の報でボルネオのブルネー湾に進出時のもので、遠方に大和型の戦艦が、手前右は「野分」であるとの説明がある。この写真を市販の『軍艦写真集』で発見したとき、筆者の脳裏にいまなお焼きついている「早鞆」艦上からの情景が重なった。

トラック島基地での出合いから、この別離までわずか十ヵ月であったが、筆者の青春の結集であり、その後の運命は彼らの加護によるものと堅く信じている。

筆者の退艦後、隊付職員の配乗替えで、「野分」に乗艦してきた人があった。

③　隊信号長　船越多八兵曹
　　隊庶務員　小柳津文太郎兵曹

ハルゼーの猛進

筆者は、海上自衛隊幹部学校学生のとき、自身は参加しなかった「フィリピン沖海戦」を戦史研究のテーマに選び、同校図書室で資料を調べていると、前出の『モリソン戦史』シリーズ中の「レイテ湾海戦」（日本呼称はサマール島沖海戦）に関する章の資料に出会い、「野分」の最期が明らかにされていることを知った。

日本では、「野分」は行方不明と措置されたままで戦後も永く放置されていたが、その最期はこの米側戦史に発表され、これを受けてその後に出版された公刊戦史叢書の関係版にその概要が引用された。ハルゼー大将の生涯を書いた伝記にも、その詳細が記述されている。

以下は、米側戦闘行動から見た「野分」の最期にいたる「フィリピン沖海戦」（米側呼称、レイテ湾海戦）の再構成である。

太平洋艦隊司令部では、「サイパン沖海戦」で大勝利した後の七月二十七日から三日間にわたって海軍作戦本部会議が開催され、比島占領が決定された。

つづいて八月初旬にハワイのワイキキ王宮で行なわれたルーズベルト大統領、太平洋艦隊司令長官ニミッツ大将、マッカーサー大将による首脳会談に、海軍作戦部長キング大将が加わり、ハルゼー大将も参加した。ハルゼーは現に作戦（マリアナ沖海戦）中の第五艦隊司令長官のスプルーアンスの後任に予定され、次期作戦の責任者としての資格での参加であった。ハルゼーは、会談終了後の八月二十四日、戦艦ニュージャージーに乗艦し、駆逐艦四隻に護られて真珠湾を出港した。

九月十一日、西部太平洋の、占領したばかりの前線基地ウルシー環礁に進出してスプルーアンスと交代した。艦隊の名称が第三艦隊にかわる。米海軍の日本攻略は比国を素通りするものであったが、この会談でマッカーサーの主張が採用されたことはすでに述べた。

このウルシー環礁は天然の広大な泊地で、東経百三十九度、北緯十度（概位）にあり、少しまえに無血で占領したばかりであった。

それは、戦前の研究五十年間にわたる対日攻略戦略計画の「オレンジ・プラン」に組み入れられていた最前線基地であった。ハルゼーとスプルーアンスのこれから敢行する西太平洋での作戦の前進基地となるのである。

翌二十年になって、日本はこの泊地に期友仁科関夫たちが人間魚雷回天で突入、鹿屋からの菊水部隊梓攻撃隊（銀河攻撃機による）で期友大岡高志たちも突入するが、いずれも実質的な戦果は得られなかった。

真珠湾から出てきた戦艦ニュージャージーに座乗したハルゼーは、八月二十五日に指揮下に入った空母イントレピッド、ハンコック、バンカーヒル、軽空母カボットおよびインデペンデンスからなるボーガン指揮する第三十八・二空母任務隊群と合同し、中部フィリピンにたいする攻撃を開始する。

手始めは九月十六日のダバオ地区、十二日～十四日の間の中部フィリピン空襲であった。

そして、マッカーサーの陸軍部隊は、十五日にペリリュー、モロタイ両島に上陸した。

九月二十二日、リンガ泊地で退艦した筆者は、シンガポールの水交社（海軍士官の親睦団体）で飛行機便待ちしている間に、市内、軍港などを見物した。当時、日航のダグラスDC３便が内地との間に設定されており、利用できるのは士官に限られていたようであったが、若い中尉には順番待ちが長く、お陰で十分な見物、休養ができた。宿

比島沖海戦で、日本空母部隊撃滅に執念を燃やしたハルゼー。

舎の部屋にヤモリが出てきたのを記憶しており、土産物の買い物には日本円は歓迎されず、艦から持参した煙草「チェリー」が喜ばれた。もうすでに現地人は日本の敗戦を予測していたのであろう。

ここで約十日間の飛行機待ちをして、十月四日に同地を離陸したダグラス機に搭乗、サイゴンで二泊、海南島の三亜で燃料補給後、海口で一泊、香港の九竜を経由し台湾の新竹基地に安着した。台湾で二、三泊、近くの北斗温泉に行ったら、風水害で温泉旅館は使用できなかった。そのような配置のない身軽な赴任旅行であった。

この時期には、この台湾から外は「戦地扱い」で、恩給加算期間が一ヵ月あたり三ヵ月プラスになる制度であった。筆者の戦陣参加は三年弱であったので、加算が九年つくことになった。

この時期、フィリピン攻略のマッカーサー支援のため、ハルゼー艦隊は新しい作戦を開始する。まず、ハルゼーは自らも旗艦ニュージャージーに座乗して十月六日にウルシー環礁を出撃した。ボーガン任務隊群にたいしては、日本側の次期作戦(捷号作戦)にたいする状況判断を混乱させる陽動作戦の任務をあたえたのである。

九日に南鳥島を艦砲射撃して、翌十日、奄美大島、南大東島、宮古島を波状的に空襲した。

筆者は、この日(十日の早朝)、要務飛行連絡で来台中の九六式陸上攻撃機に便乗させてもらい新竹基地を発進、南西諸島沿いに北上、九州の鹿屋に向かった。途中、操縦室がざわめいたように感じたので聞くと、航過してきた島々に敵襲があったようだとのことだったが、ひとまず鹿屋で給油し、午後遅く厚木飛行場に着き、翌日、横須賀鎮守府に出頭、着任した。

このように、南西諸島がハルゼー指揮下の機動部隊空母機による空襲をうけ、十二日から十六日の間「台湾沖航空戦」が戦われることになったが、筆者の帰国飛行は、この危機の前をすり抜けることができた。これまた、筆者にはまことに幸運であった。

「浜波」乗組の中尉で佐世保鎮守府付となった一期下の豊廣稔氏は、ほぼ同じ赴任旅行となったが、彼はその後、水上特攻の第二十二震洋隊長として二十年一月に震洋艇四十五隻をもって沖縄に進出し、「与那原」に配備された。敵の来襲による数度の出撃により兵力が漸減し、その間、敵の上陸艇一隻を撃沈したが、敵の上陸とともに陸軍の配下となり、終戦まで苦労されたと聞く。

豊田連合艦隊（司令部は横浜の慶応大学日吉校舎内に設けられていた）の全力を挙げて海上、航空、潜水の各艦隊に捷号作戦準備を発令するが、たまたまこのとき長官は、マニラでの部隊視察からの帰進のため在島（台湾）中であった。この状態で帰国する機会を失い、台湾と日吉の司令部から作戦を指揮するという前代未聞の失態を演ずるのである。

ハルゼーは並行して、十二日、セブ基地を空襲、十五日、マニラを空襲する。

このとき、最高指揮官の座乗する旗艦ニュージャージーとホーガンの旗艦アイオワの両戦艦はこの空母隊群の列艦として行動している。

これに対するわが比島所在の基地航空艦隊は、内地の各地に配備され、錬成中の基地航空艦隊から陸続と出撃、反撃するが、練度未熟な搭乗員はマリアナ沖の七面鳥狩り以上の悲惨な結果で、部隊は壊滅する。

いわゆる「台湾沖航空戦」の開始であり、ついに「神風特攻」つづいて「T攻撃部隊」

「神雷攻撃隊・桜花特攻」の出番となる。

十七日、レイテ湾口のスルアン島を占領。

二十日、レイテ島にマッカーサーが上陸。

これにより、水上部隊である小沢部隊の各部隊は内地から、リンガ泊地からそれぞれ進撃、展開をする大戦略をはじめるわけであるが、このような日本の大戦略は、アメリカ側からすれば日本連合艦隊の常套戦法であり、ミッドウェーのときもマリアナのときも、そうやってきたからまったく手元を見通したものであった。このときに、アメリカは潜水艦による情報収集を活用したといわれている。

ハルゼーのこの攻撃行動については、配置をもたない筆者には新聞で知る以外は何も分からなかった。同期生で航空に進んだ新米の搭乗員が、十月中だけでも四十二名も初陣で散華したことは戦後に知った。

筆者は久しぶりの帰国で、水雷学校の水雷長講習には間があるからというので、横須賀鎮守府の人事課長から短いながら休暇をいただいた。故郷に帰り、短い休養を楽しんでいてまことに申し訳ないと思うが、立場が変われば仕方がなかった。これまた、運命の悪戯であった。

リンガ泊地で退艦するさい、守屋艦長から芳子夫人あての手紙を託され、鎌倉の師範学校近くのお宅に届けた。

水雷学校における二ヵ月間の水雷長講習が開始されたばかりの十月二十五日に「フィリピン沖海戦」が勃発。すでに述べたように、陸軍部隊を送ったサイパン島が敵の手中に陥ち、その基地から初のB29爆撃機百十機が一ヵ月後の十一月二十四日に帝都地区に初空襲を行なった。さらにその一ヵ月後、十二月二十五日に講習が終わった。

その翌日、田舎より上京した筆者の母と姉が羽田まで見送ってくれたが、天候不良で飛行ができなかった。その夜は、新橋の第一ホテルに宿泊、翌々日、羽田からの日航の航空便で赴任した。行く先は台湾・澎湖島の馬公、配置は駆逐艦「桐」水雷長であった。

昭和六十三年の初冬の暖かい日、艦長遺族宅に未亡人を訪問し四十年間抱きつづけた念願の焼香を果たした。そのとき見せていただいた古びた手紙の文面は、つぎのとおりである。

「二百十日も過ぎた事とて内地はめっきり秋の気候となって来た事と察して居る。皆一同別に変りなく過して居る事とは思うが如何。当方面、今迄は大変涼しく凌ぎよくて喜んで居る。内地の夏の為いつつ待機の姿勢で居る。当方至極元気で毎日作戦のかたはら猛訓練を行な北へ行っていた太陽が又これから少しずつ南へ下って来るので、これから又少しずつ暑さが増すようにはなるだらうけれど微風とスコールで案外涼しい。其点心配はいらぬ。内地は今気候の変り目の事ゆえ、……」

この手紙は、まさしくリンガ泊地を退艦したときに託されたものであり、感慨新たに拝見させていただいた。その内容はどんなものであったのかと長い間思いつづけていたところであり、古びた封筒からは故人を偲ぶたびに涙され、見直されていたのではないかとの跡が拝察された。

そうしてこのあとに家族の安否がつづく。最後の書簡としてはじつに淡々としたものであり、遺書としての内容は少しも伺えない。

また、作戦に備えて、泊地での待機状況を想い起こさせる内容があり、「野分」最後の唯一の貴重な資料である。

栗田長官、謎の反転

栗田健男中将指揮する第二艦隊（旗艦「愛宕」）を主とした第一遊撃部隊（以下栗田部隊という）の編成を略記しておく必要があろう。栗田部隊は指揮官直率の栗田本隊と、西村祥治中将指揮の西村支隊（旗艦「山城」）に分かれて作戦するように計画されている。

第四駆逐隊は「野分」だけが栗田本隊に分派され、あとの三隻（高橋亀四郎司令乗艦の「満潮」と「山雲」「朝雲」）が西村支隊に配属された。このように一つの隊が分断されたことにより「野分」の悲劇が起きたのである。

昭和十九年十月十八日、「捷一号作戦発動」の下令があり、栗田部隊の作戦はまず燃料の手配からはじまった。高橋隊司令の指揮する「満潮」「野分」は、シンガポールにあった油槽船二隻を北ボルネオ島のブルネー湾に回航護衛するため、各隊にさきがけてリンガ泊地を発した。

フィリピン東方海面に出現したハルゼー麾下の第三艦隊の空母機動部隊（第三十八任務部隊）に対し、わが航空部隊が攻撃をかけている間に、決戦兵力である栗田部隊はリンガ泊地から北ボルネオ島の待機泊地ブルネー湾に進出している。その最中に、マッカーサー直率の大輸送船団が第七艦隊（キンケード中将）の援護をうけ、フィリピン東海岸のレイテ湾内に上陸を開始した。十月十七日であった。

　ガ島で日本軍を追い出したハルゼーは、サイパン島沖海戦で小沢部隊に大勝したスプルーアンス率いる第五艦隊の後をうけ交代したばかりで、こんどはハルゼーの第三艦隊と名称を変える。所属艦船はそのままである。

　ブルネーに移動した栗田部隊は、一日遅れで入泊した「満潮」と「野分」が護衛の補給部隊から燃料の補給をうけた後、本隊が十月二十二日午前八時に出撃し、西村支隊が別動してレイテ島スリガオ海峡に突入するため本隊に遅れて出撃、それぞれ決戦海面（フィリピン沖海域）に進撃していく。

　西村支隊につづきスリガオ海峡に突入する（形勢不利と判断して反転脱出する）志摩部隊と内地から出動してハルゼー機動部隊を北方に誘致して栗田本隊と西村支隊の突入を支援する小沢治三郎中将（この作戦の総指揮官）直率の、いわゆる小沢囮（おとり）部隊とが広大な海域から機動策応した「フィリピン沖海戦」の各戦闘が繰りひろげられるのであるが、その状況は惨めの一言（こと）に尽きる。しかし、ここでは記述の対象としていない。

　栗田本隊は、進撃直後パラワン島の北方で敵潜水艦の攻撃により旗艦「愛宕」と「摩耶」が同時に沈没し、「高雄」も大被害をうけたので、直衛艦二隻を割いてブルネーに引き揚げさせた。このように緒戦において主力艦三隻を欠き、艦隊の全乗員が作戦の前途に大きな不安を感じた。

「野分」砲術科の佐々木茂雄兵曹も、弟の民雄兵曹が乗り組んでいた「摩耶」の沈没情景を目の前にした。いてもたってもいられない兄茂雄兵曹の心境は、いかばかりのものであっただろうか。そのとき、自分自身にも同じ運命が待っていたことを予感したかも知れない。この兄弟は前後して艦と運命を共にしたのである。

艦隊司令部は、旗艦を「大和」に移して進撃をつづけシブヤン海に入り、二十四日、ハルゼー機動部隊の航空機の激烈な攻撃でついに「武蔵」までも失い、十七駆逐隊の「浜風」も被害で後退していった。

このように主力艦四隻、若干の直衛艦を欠いた栗田本隊は、航空直衛のないまま翌二十五日の午前三時三十五分にサンベルナルジノ海峡を突破し、予期に反して会敵することなく太平洋上に出た。

ハルゼーはシブヤン海での攻撃後、栗田部隊の反転を知り、宿敵小沢部隊との決戦を期し北上する。いわゆる小沢囮部隊に引っかかったのである。

猪突猛進型のハルゼーの一大失敗がここにあった。後にこのことが批判の対象となるのである。それまで、ハルゼーのやり方は絶えず日本軍の意表に出たが、部下の指揮官たちは、ハルゼーから思いがけないときに思いがけない命令をあたえられて足並みが乱れることが多かった。

これに反してスプルーアンスは、周到な計画を企画し、そしてそれをその通り実行したから、だれもがその指揮下で作戦することを望んでいた。

激しい性格を持つハルゼーは、小沢長官が飛行機を持たない空母を囮として使用したのに対し、これに向かって突進してしまい、後方から忍び寄った栗田本隊にたいして、レイテ湾内にいた輸送船団を無防備状態にしてしまった。彼の部下、戦艦部隊の司令官リーはそのこ

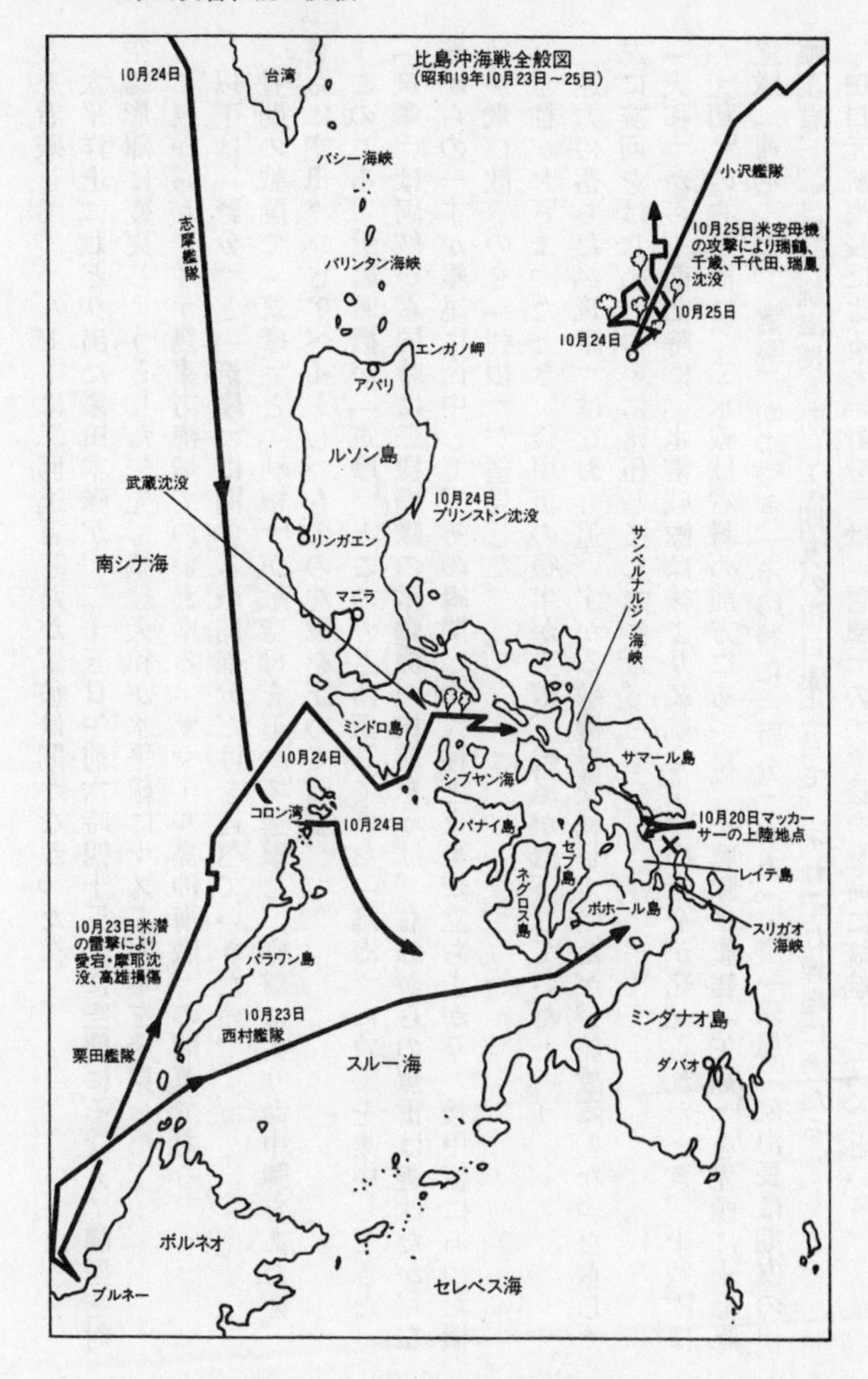

比島沖海戦全般図
(昭和19年10月23日～25日)
10月24日
台湾
バシー海峡
小沢艦隊
10月25日米空母機の攻撃により瑞鶴、千歳、千代田、瑞鳳沈没
10月25日
10月24日
志摩艦隊
バリンタン海峡
エンガノ岬
アパリ
ルソン島
武蔵沈没
10月24日
プリンストン沈没
サンベルナルジノ海峡
リンガエン
南シナ海
マニラ
ミンドロ島
10月24日
シブヤン海
サマール島
コロン湾
10月24日
パナイ島
10月20日マッカーサーの上陸地点
セブ島
ネグロス島
レイテ島
ボホール島
スリガオ海峡
10月23日米潜の雷撃により愛宕・摩耶沈没、高雄損傷
パラワン島
10月23日
西村艦隊
ミンダナオ島
栗田艦隊
スルー海
ダバオ
ボルネオ
ブルネー
セレベス海

とを看破して、ハルゼーに二回進言したが、彼は聞かなかった。

太平洋上におどり出た栗田本隊が、二十五日午前六時四十五分に空襲にそなえて陣型を対空輪形陣に変更しようとした矢先、旗艦大和が水平線にマスト四本を発見した。

これからがレイテ島東方海域でのいわゆる「サマール島沖海戦」の開幕である。

以下は「野分」と「筑摩」に関する戦闘部分だけを述べていきたい。

昼間の戦闘で「筑摩」と「利根」が敵空母を追って進撃し、砲撃により命中弾をあたえ、さらに空母ガンビアベイらしいものの沈没を認めている。

このころ、敵艦載機が「筑摩」とこのとき落伍していた「鳥海」に攻撃を集中してきた。「筑摩」は両舷から同時に二機編隊の雷撃機の挟撃をうけ、右舷からの魚雷は避けたが、左舷からの一本が艦尾に命中して、その瞬間、大火柱と火炎が立ち上がり、後甲板にあった機銃が飛び散るのを「利根」が望見した。

水柱がおさまったとき、後甲板の後半が大破、艦尾が低下していたという。

速力の落ちた「筑摩」はなおも追いすがる敵機と交戦していたが、舵故障となったらしく左に旋回をはじめ、ついに落伍してしまった。

「大和」から午前七時に「水雷戦隊は後より続航せよ」の指令が発せられたとき、十戦隊は「大和」の右正横に、二水戦は右斜め前方にあった。十戦隊は旗艦「矢矧」を先頭に十七駆逐隊（浦風、磯風、雪風）がつづき、その後に「野分」があった。「磯風」航海長は期友の伊藤茂君、「雪風」航海長も同じく期友の田口康生君で、それぞれ操艦にあたる。

田口元航海長によると「野分」は「雪風」のすぐ後を懸命に続航していたという。

艦橋で艦長の指示をうけて操艦したのは筆者の後任者小林正一中尉であり、それを補佐したのは通信士の内藤少尉であった。

田口康生と伊藤茂とは、筆者の同期生のうちでは生粋の駆逐艦乗りである。伊藤は候補生のときから同艦に乗り組み、ガ島の撤収作戦に初陣を飾った。筆者とは兵学校の四号時代、一緒に殴られた親友であり、後続する「野分」の活躍を目のあたりにしていた。田口は筆者と同じ時期に「雪風」の乗組となり、同じように作戦し、沖縄特攻でも生き残る。筆者が「野分」に残っていたならば、同期生が三人で海軍最後の水雷戦隊の魚雷戦、砲戦を実施したことになった。

午前八時ごろまで、「大和」隊の後方につづいていた第十戦隊は、南南東に突撃して、駆逐艦三隻を撃破したと報じた。「磯風」水雷長であった一期先輩の白石東平さんは、「野分と一緒に魚雷を発射した」と追悼してくれた。

このときの米側戦史は第十戦隊の攻撃状況をつぎのとおりであったと記録している。（カッコ内は筆者の注である）

——駆逐艦ジョンストンは、軽巡（矢矧）と四隻の駆逐艦（浦風、磯風、雪風、野分）が急速に空母群に近寄ってゆくのを認め、ただちに「矢矧」に対し、射撃を開始した。距離は次第に縮まり、約六千三百メートルに接近した。同艦は十二・七サンチ砲弾数発の命中をうけたが、同艦の射撃も「矢矧」をとらえた。

約十二発の命中を観測したとき、「矢矧」は九十度右へ回頭し、戦闘を中止した。ジョンストンはただちに目標を先頭の駆逐艦（浦風）に変え、そして九千八百メートルの距離において命中弾を認めた。しかし、駆逐艦列も「矢矧」につづいて右回頭して、距離は急速に開きはじめた。このあと軽巡（矢矧）と駆逐艦列は魚雷を発射したのち、ジョンストンに攻撃を集中した。ジョンストンは九時四十五分、ついに機械を停止した。五分後、艦長は総員退去を命じ、十時に同艦は転覆して沈没した。――

この駆逐艦はフレッチャー型、艦長がインデアン酋長の後裔で、きわめて元気なE・エバンズ中佐であったという。

当時の戦果確認の報告はまことに過大であったが、十戦隊は敵駆逐艦一隻を砲、雷撃で撃沈していることがこれではっきりした。このときの水雷長は宮内正浩大尉、砲術長は出撃直前着任した同期の高橋太郎大尉であった。

そうこうしている間に、敵部隊が風上側に避退し、煙幕を展張してその陰に姿を隠したので、栗田長官は追撃を止め、混戦で三十カイリの範囲に四散していた艦隊を集合して、十時三十分にマッカーサーが上陸中のレイテ湾に針路を向けた。レイテ湾入り口のスルアン島までは三時間ほどの航程であった。

この五分前に関行男大尉が、この海域の敵艦に初めての特攻を敢行した。

これより先、落伍していった「筑摩」から午前九時二十分に、「一軸十八ノット、操舵不可」の報告があり、つづいて、「ワレ出シ得ル速力九ノット、イズレニ向カフベキヤ」と。この電報が最後の連絡となり、栗田長官はこの電報を受信して、「落伍艦ハサンベルナルジノ海峡ニ向カヘ」と指示したのである。

この電報を読むと、主要幹部はすでに戦死し、戦闘には不慣れな人が指揮をとっていたように思われる。切羽詰まった状況が伺われて哀れだ。期友の田結保がこのとき生存していたならば、このような電報を打つはずがない。だから、彼はこの時期、九時三十分ころ以前に最後を遂げたのであろう。

連絡のない「筑摩」を心配した長官が、警戒艦として「野分」を派遣した。それは戦闘が中止され、レイテ湾に進撃をはじめてからだいぶ時間がたった後の午前十一時四十分と公刊戦史にある。

栗田長官は、いったんレイテ湾のマッカーサー上陸軍を撃滅するつもりであったが、ほぼ二時間後の十二時ころ突然、突入を断念してサマール島東岸を北上しはじめた。いわゆる「栗田長官の謎の反転」である。

そして、サンベルナルジノ海峡に向かい、途中で作戦に齟齬があったりしたが、結果的に主隊から落伍した「筑摩」「鳥海」「鈴谷」と、その救助に派遣された「野分」「藤波」「沖波」を、被弾した「早霜」とその救護艦の「秋霜」、これらの艦を旧戦場に残して本隊は避退してしまう。

これらの艦はその後、所在、行動ともに不明のままであったので、長官は午後七時十七分に各艦宛に電報を発して、現在地点および行動予定の報告を求め、さらに、極力、自力航行につとめ、見込みないものは艦を処分して乗員を警戒艦に収容のうえ、コロン湾に帰投するように下令しているが、その直後沈没した「鳥海」を護衛していた「藤波」と「鈴谷」乗員収容帰投中の「沖波」を除いて、「野分」「早霜」および「秋霜」からは、ついに何らの報告もなかった。

艦隊は午後九時五分ごろに、早朝に通峡したばかりのサンベルナルジノ海峡を満身創痍の状態で通過した後、西航してシブヤン海に入った。

司令部としても落伍艦救助の艦を旧戦場に、しかも夜間に入る状態で見捨てざるを得ない切羽詰まった戦況であったろうが、結果的にはこれらの各艦は見捨てられたのである。

第八章　検証・「野分」の最期

轟沈後にいた生存者

昭和十九年十月二十五日のレイテ沖海戦の昼戦において、「野分」は艦長守屋節司大佐のもとで、第四駆逐隊の中から一隻抽出され、同じく単独で配属された「清霜」とともに栗田本隊第二部隊（戦艦「金剛」「榛名」）に配されて、第十七駆逐隊の精鋭（浦風、磯風、雪風）と一緒に戦闘した。

一ヵ月ほど前に筆者と交代したばかりの航海長小林正一中尉（通信士の内藤敏郎少尉が補佐）の操艦で、常に「雪風」の後につづいて行動し、「大和」などとともに敵特設空母群のガンビアベイを砲撃し、水雷戦隊が魚雷を発射して敵駆逐艦ジョンストンを撃沈した。

砲術長は高橋太郎大尉（掌砲長・井桁二郎少尉）、水雷長は砲術長と同期の宮内正浩大尉（掌水雷長・坂本登兵曹長）である。

そして、この戦闘が終了したところで、生き残りの艦隊はレイテ湾に進路を向けたが、その後、戦闘を中止してサンベルナルジノ海峡に避退をはじめた直後に、「野分」は落伍艦筑摩の救助任務に引き返したまま行方不明となってしまったのである。

筆者がその「野分」の行方不明を知ったのは、横須賀での二ヵ月間の水雷長講習を修了、台湾の馬公で修理中の駆逐艦「桐」に着任したその年の十二月二日であった。

「野分」は「筑摩」の救助に分派され、救出任務を完遂してサンベルナルジノ海峡に向け主隊を追及中に、ハルゼー直率の戦艦二隻、重巡三隻と駆逐艦二隻からなる水上部隊の大砲と魚雷により轟沈させられていたことが明らかになる。

しかし、その前後の艦内での詳細な状況は、あれやこれやと想像するしかなかった。沈没のそのとき、真夜中であるから当直員以外は休んでいる。当直将校、副直将校はだれであったのか。露天甲板上にいて、一爆発の衝撃で艦外に放り出された者がいなかったのか等々に想いを巡らせるだけであった。

「筑摩」乗組のただ一人の生存者林氏（後出）の回想には、「南方の海では、本当の全滅はごくまれで、全滅と伝えられた艦でも、かならず一、二名の生存者がありました。西村支隊に所属していた四駆逐隊の三隻のごく少数者の、艦長をふくむ生存者とも収容所で一緒になりました」。しかし、「野分乗組員と救助された筑摩乗組員は、一名もおりませんでした」とあった。

艦外に放り出され、海流に乗ったと仮定しても、沈没海域は島より遙かであり、負傷していたかも知れないし、海峡入口であってみれば海流が複雑で沖に向かっていたかも知れないので、付近の島、サマール島かルソン島の小島かにたどり着くことができなかったか。さらに、最悪の事態として島へ泳ぎついたが、ゲリラの手にかかってしまったのではないかとも考えていた。しかし、万一ということもなきにしもあらずとのひそかな望みを持っていた。

昭和六十三年末になって、砲術長であった故高橋太郎少佐の弟鐵郎さんから、つぎのような書簡をいただいた。

「戦後何年かあとに、私の記憶がはっきりしておりませんが、フィリピンのある場所で米軍が用地買収の折り日本人の墓があり、海軍少佐高橋太郎という墓標から、お宅の息子さんに間違いありませんかといって、復員局を通じて遺骨が届きました」

やはりと驚きながらも納得したことである。島へ泳ぎついたが、ゲリラの手にかかってしまったのではないかと、とっさに考えた。

しかし、この情報は、沈没時全員戦死という認識を修正しなければならない重大な内容であったから、念のために厚生省援護局業務二課に赴いて調べてもらった。

「昭和二十四年七月ニ、比島カラ故高橋太郎少佐ノ遺骨ガ佐世保ニ帰還シ、佐世保地方復員局ハ横須賀地方復員局ヲ経テ、遺骨ハ八月初メ東京都世話課ヘ移送サレ、遺族ニ伝達サレタ」

その足で東京都世話課に出向いて問い合わせたが、古い資料であり、都庁が新宿に移転する時期と重なったので、調査は困難であるとの回答であった。読者の中にこの遺骨を持って帰られた復員艦（船）の乗員がおられたら、何か情報が得られそうである。

終戦直後、多くの遺族は自分の息子が、夫が、兄弟が近くの島に漂流して生きているのではないかと真剣に考えていた。

戦死公報が一年も遅れた前出の故鈴木定一罐長（少尉）の一家の場合は、「野分」が沈没し、公報があったことを知っていたが、自分のところには知らせがないから、どこかで生きているのではないかと微かな希望を持っていた。

掌機長であった故石崎政治中尉の八重子未亡人は、戦死公報をうけた後、（横須賀市）久里浜の復員局に確認に出向いた折り、易者に占ってもらった。士官ばかり六、七名が小さな島に助けられているとのことで、この方は踊り上がるような喜びで見料を三倍もはずんで帰って来た。

「私は易者の言葉を信じたかったのでございました」と昭和四十年八月、守屋艦長未亡人に宛てた手紙を出している。

故海軍少佐高橋太郎の墓標と遺骨とが比島の某所で発掘され、無言の帰宅をした。墓標という物的証拠があったことから推測するに、島にたどり着いた乗員の小集団があった。その島の名前を知ろうとしてフィリピン大使館に電話したら、アメリカ大使館に聞けというので、それ以上のことについて、今となっては調べようがない。

彼らは沈没時、砲術長とともに艦外に放り出され、それが幾人であったか、また艦内がどのような状態であったのかはもちろん分からない。時間からいって露天甲板にいたであろうことに誤りはない。

筆者は、砲術長を含むこれらの乗員が艦橋で哨戒当直中であったという、つぎのような設定をして、その状況を想い巡らせてみたい。したがって、以下で述べるところは、筆者の旧海軍と海上自衛隊での艦隊勤務体験を想いおこしての想像記であることをまずお断わりしておきたい。
一、高橋砲術長は艦橋で哨戒当直中である。
二、当直時間は午後八時から午前零時まで、次直の小林航海長とはまだ交替していない。
栗田部隊の各艦はブルネー泊地を出港以来、まる三日間、昼夜の別なく敵潜水艦に追蹤され、昼間の航空機空襲で疲労困憊の極みにあったところ、サマール島沖での敵水上部隊との昼間の戦闘は、幸運にも敵艦撃沈という共同戦果をあげた。

基地航空部隊は特攻に突入しているので、航空支援はとうてい手が届かない。そのような航空援護のまったくない戦いであってみれば、栗田長官の「謎の反転」を理解できるのは「両舷直」「車曳き」だけである。しかし、厳然たるこの事実は批判の対象になるのは止むを得ないであろうが、筆者はその検討をするうちに、だんだん同情の想いが強まっていく。ハルゼーにも大きな批判があり、戦後、彼は言い訳をしているが、栗田元長官はあまり言い訳をしなかった。その心中を、上司である小沢長官だけは察していたと思うのである。

この二方は開戦時のマレー半島上陸作戦部隊（南遣艦隊司令長官）と、その指揮下の第七戦隊（司令官）という関係にあった。

「筑摩」の落伍

昼間の戦闘が終了したところで、旗艦「大和」に乗艦の栗田本隊司令部から、「撃沈した敵特設空母の乗員を捕虜とすべし、地点×××」という命令が「磯風」にあたえられたが、発動の直前に「野分」に変更されている。

これらの米側遭難者は、『モリソン戦史』によると、南下してきたハルゼー直轄の艦艇が捜索したが見つけられずに、代わりに「鈴谷」の遭難者六名を救助していたと記録されている。

一方、落伍した「筑摩」の救助任務は、午前十一時以前と推定されるが、まず「雪風」にあたえられ、同艦が主隊から反転して捜索に向かいつつあった途中で、急に「野分」にバトンタッチするため呼び戻された、と同艦の航海長で期友田口康生はつぎのとおり回想する。

「雪風は命令を受け、ただちに速力を上げて筑摩のいると思われる方向に走っていきました。ひとときして私が大和の方を振り返ったところ、大和は遠く離れマストが水平線に隠れんとしていましたが、発光信号で雪風を指呼しているのに気づいて信号長に受信させたところ、雪風は原隊に復帰し、野分が筑摩の救助に当たれ、というものであり、まさに信号が見えなくなる寸前でした。

雪風は反転して大和を追い、野分は筑摩を索めて行きましたがついに帰投せず、まったく数奇な運命でした。野分には十八年初頭、榛名に乗艦した折りの懐かしいケプガン高橋太郎氏も乗艦しておられ、帰投するのを心待ちにしていましたが、まことに残念でした」

このとき大和艦上でこの変更命令を発光信号で発信した信号員が戦後、海上自衛隊に入隊した。このことを国分昌夫氏（野分会員）に話している。しかし、公刊戦史叢書には、なんら記述されていない。

艦隊司令部としては、田口元航海長が言うように、「雪風」の後尾に続航していた「野分」

を派遣しなおして、第十七駆逐隊司令の直率する三隻全部を残しておきたかったのであったろうか。それは隊司令の要望によったものであったのかと、田口君に聞いたところ、艦隊司令部の意向であったという。いずれにしても、敵の遭難者の救助に、「筑摩」の警戒にと走り使われていたことがうかがわれる。

重巡「筑摩」。レイテ海戦のさい、敵機の空爆により大破、沈没に至った。「野分」はこの「筑摩」の生存者を救出し、収容する。

「野分」にとってまことに悲劇的なことで、単艦で栗田本隊に配属され、継子といっては言いすぎであろうが、再三にわたりたらい回しにされて、結局、貧乏くじを引かされた真相が艦隊司令部の意向であったという。

そのいきさつは奈辺にあったのか。このことをうやむやにしたままでは亡き野分乗員は浮かばれないと、独りで憤慨したものの、それ以上証言してくれる関係者、公式の記録を掘り起こすことは不可能とあきらめていた。

「雪風」は命令のままに行動したのであり、まして司令部の処置を非難しても仕方のないことでもあると考えていたところ、前述した守屋艦長がトラック基地から家族に宛てた手紙にある当時連合艦隊作戦参謀でこの艦長の同期生であり、水雷学校高等科学生以来の友だちである山本祐二大佐が、作戦開始の直前の八月に、この栗田艦隊の首席参謀に着任し、旗艦「愛宕」にあったということを知った。

この方は海軍乙事件後、第二十一駆逐隊司令に任命されたが、わずか二ヵ月後に栄転されたのであった。これは同隊所属だった期友の寺部甲子男（「若葉」航海長）から聞いた。

栗田部隊は、サマール島沖に進出の途中、パラワン島近海で愛宕が敵潜水艦の魚雷で沈没した後に、旗艦を「大和」に変更している。

小柳参謀長が「傾いた舷側を滑り降り、したたか右大腿を打つ重傷を負い、ひしひしと襲いくる激痛に悩まされ、歯を喰いしばりながらようやく我慢していたため、いたずらに精力を空費し、思う存分、全能力を発揮できなかったことを深く憾みとしている」と述べているが、参謀長のこの重傷のため、実質的にはこの首席参謀が作戦を指導したのであろうということに想いがいたった。

そう考えると、いままで疑問に思っていた二つのことが解決できるような気がした。

その一つは、この首席参謀は部隊編成にさいし、第四駆逐隊から一隻を引き抜くにあたって、とくに期友である守屋艦長を選んだのだ。そして、その二は、「筑摩」の救助にあえて指定しなおしたのは、三隻よりなる十七駆逐隊の建制を崩したくない。しかも、夜のとばりが下りることが予想される、きわめて困難な救助作業に、敵の制海権下となってしまった旧戦場海域に、ただ一隻を派遣するには、気心がわかった期友、十七駆逐隊司令につぐ順位で、他の三艦長より先任の守屋艦長が適任と判断したのであろうと。

このように考えると、田口元雪風航海長が「艦隊司令部の意向であった」と証言してくれたことと符合し、そのように考えることで筆者の心も安らぐ。「野分だけ、何でこき使われたのか」と考えている「野分」のご遺族にも納得してもらえるであろう。

守屋艦長だけは、期友の心中を推しはかって命令をうけ、身を犠牲にして「筑摩」乗員の捜索を、時間の許すかぎり徹底的に行なったと思うのである。その結果、艦長の強い責任感が、海上で救助を求めていた「筑摩」生存乗員百余名を発見して救助した。

レイテ島上陸に備える米艦船。その数は800隻に及び、これを見た日本偵察機は「後続船団は、かすんで見えず」と打電した。

派遣した側は再会がきわめて困難であることを承知してのことであり、「野分」が帰れなかったことを、親友の夫人および子たちにどのように伝えようかと胸が痛んだことであろう。

この山本参謀も七ヵ月後、翌二十年四月七日に沖縄に突入した「大和」とともに戦死されたので、その真相はいま、推しはかるだけである。生前の守屋芳子未亡人はこのことを知らなかった。

小柳参謀長の回想「静かに顧みれば、栗田艦隊の作戦指導にも、いろいろ拙いところはあった。無理な戦にまぬかれがたい不可抗力と思われるものももちろんあるが、私は幕僚長として長官補佐の重責を完遂し得なかったことを、今日（昭和三十一年）なお深く遺憾としているのである」は、栗田長官の心境を推しはかってのことではあるまいか。

「栗田艦隊の謎の反転」について、筆者も当初は多分に批判的であったが、この『栗田艦隊』を再読するうちに両舷直、車曳きでなければ理解できない、航空機のカバーのまったくない、通信不達による協力部隊の状況の分からないままで戦わされた状況、指導者の心情が胸を強く打ってくる。

志摩部隊は西村支隊に引きつづいてスリガオ海峡に進入したが、戦局不利と見て戦闘目的を放棄して引き上げた。このことに対して別段の非難も聞かないのはなぜか。その結果、多くの人命を救ったというならば、栗田長官も同じである。

レイテ湾の敵輸送船団の巨大なる写真を見るならば、だれでも同感であろう。栗田長官もスプルーアンス、ハルゼーのように自分で樹てた作戦計画ならば、何が何でもレイテ湾に突入し玉砕したであろう。それを帝国連合艦隊の潔い最期であったと人はいったであろうか。

もし「大和」が湾内に突入できたとする。このとき、北方から小沢囮部隊の攻撃を中止し南下中のハルゼーの戦艦部隊があった。ハルゼー直率の部隊とその後につづくリー提督の戦艦七隻をふくむ巨大な部隊である。

彼らはその夜半、翌二十六日の正子を十分ほど過ぎたころ、予定どおりサンベルナジノ海峡沖に達して、「筑摩」生存者の救助を終えて避退中の「野分」を撃沈している。

したがって時刻的にも両部隊の会敵は間違いない。夜間であるから、ソロモンの時のようにレーダー射撃で全滅したであろう。

このとき彼らの最大の作戦目標とされていた栗田部隊を、サンベルナルジノ海峡内に逃がし、その代わりに「野分」ただ一隻を仕留めることになった。

「野分」は、はじめに退却中の主隊の戦列中にあったが、途中から「筑摩」の生存者の救助のためにすでに旧戦場となった海域に向け、再度反転していく。十一時四十分（推定）ごろであり、救助作業は夜間に及ぶことが予想される状況であった。

午前十時十五分に南下をはじめたハルゼー艦隊は、この時刻、戦艦から駆逐艦に燃料の補給を開始した。この遅れが、栗田本隊をサンベルナルジノ海峡内に逃すことになった。

午前中の戦闘で行進が停止し、漂流している「筑摩」を「利根」などが認めていた。その海面までは南東方向に約三十カイリ、二十ノットで行くと一時間半で到達する。旧戦場の方向で敵機がさかんに急降下を繰り返しているのが遠望できたので、落伍した巡洋艦を攻撃しているのであろうとの緊迫した状況判断であったが、ひとまずその方向に向かった。

捜索が長引き、夜間になると大変である。それまでの戦闘において長時間の高速運動で燃料を過大に消費していることから、帰航時の残存重油が心配になっていた守屋艦長は、航海長と機関長にあと何時間ぐらい捜索ができるか確かめる。

トラック空襲の時の経験がすぐ頭にひらめいた。あのときはタンクの底の油を一ヵ所に集め、空のタンクに水を張った。目的地であるサンベルナルジノ島の灯台まではおおむね百四十カイリあり、七時間かかる。翌二十六日零時までに海峡の入口に行くためには、この付近の日没が午後六時三十分ごろであるから、その一時間前の約三時間であると航海長が報告した。

アメリカ艦隊は、駆逐艦などには所望時に戦艦、空母、巡洋艦から「ハイライン」(並行して航走し中央部に張ったワイヤーをいう)を受け渡して、これにそって重油蛇管を渡し、燃料の重油、もちろん物資も人も簡単に移送する(海上自衛隊では採用された)。わが方はもちろん、そのような手当はなかったので、その行動はかなり制約をうけることになった。

この救助作業にかけた三時間ほどの遅れが、「野分」の運命を変えてしまうことになったのである。

海上の天候はまだ回復していないので、総員を配置につけて見張りにあたり、どのくらい経過したであろうか。天候もやや納まり、水平線に沈む夕日が美しかった。その向こうにサマール島の山がある。激しかった戦闘をすべて忘れてしまうような瞬間であった。マニラ湾の夕日が世界で一番美しいといわれている。その反対側、東海岸の太平洋上の夕日である。

筆者もこのときから二ヵ月後、横須賀での水雷長講習が終了して「桐」に乗艦、マニラ湾の夕日を眺めながら、レイテ島西岸のオルモック湾に陸軍を輸送した。その夕日は、「野分」乗員が見たそれと同じであった。

歌好きな砲術長は、いつものように軍歌「戦友」を口ずさんでいたであろう。この長い長い歌詞は、甲板上で「筑摩」の安否を悲しく思いながら、必死の捜索にあたっていた「野分」乗員すべての気持ちでもあったろう。

〽ここはお国を何百里、離れて遠き満州の
赤い夕陽に照らされて、友は野末の……

先行していった「大和」らは、海峡の入口で同じ夕日を見ていた。「日没、夕焼けの空は急速に色を失い、やがて海面が黒ずんだかと思うと、陽は落ち夜となった」とは『戦艦大和』での記述である。

生存者を救え

戦後半世紀になった今日でも、「野分」戦没者遺族および元「野分」乗員が知りたいこと、そしてこの記録に記載しておかなければならないこと、それは、「筑摩」生存者を救助したであろうかということである。

筆者の同期生、前述した「筑摩」高射長で戦死したクラスヘッドの故田結保大尉の遺族が戦死状況を調べていたところ、この艦の乗員で小学校の訓導、短期現役下士官出身の林義章氏がレイテ捕虜収容所から帰国したことを知った。遺族である父穣元海軍中将が林さんに問い合わせた書簡とその返書とがある。

「私は筑摩の主砲四番砲塔の砲員でした。そのとき艦の傾斜ははなはだしく、左舷スレスレに海水が来ていましたが、戦意旺盛にしていまだ敵機が去らないので、先任下士官指揮のもと十三ミリ単装機銃で応戦しているとき、総員退去の命令が下りました。午前中の戦闘に高角砲、機銃関係員の大部分は、戦傷死しておりました。数分後、艦長以下は艦と運命を共にされました。退去したもの百名ほど（士官では機関科の特務中尉一人しか見うけられませんでした）で、救援を待っていましたが、暗くなっても来ませんでした。そのうち潮流が激しくなり、うねり高きため、みんな離れ離れになり、私もついに一人となったので、他の人の消息はわかりません。以上は私の記憶している状況であります」

この父親は、林さんの返書から息子の最期を確認できなかった。林さんは帰国していくばくもたたない時期であり、「野分」が救助に派遣されたまま行方不明になったことはもちろん知らない。この証言から、筆者の知りたい真相を推測するのも無理であった。

その後、この人はつぎのとおり回想している。

――海面は相当大きなうねりがありました。風はあまりなかったようです。うねりは夜になっておさまり、おだやかな海上になりました。

そのうねりの向こうで、

「准士官以上、官職姓名を名乗れ！」

「皆、集まれ！　いまにかならず救助が来るから、元気を出して泳いでおれ！」

という声が聞こえました。島陰一つ、艦影も見えない大洋のまっただ中で、目的もなく泳ぐのですから、各自浮流物につかまり、集団から離れないようにしていました。

「艦だ！　救助にきてくれたぞ！」

と声がして、皆がいっせいに泳ぎ出したので、その方向を見ると駆逐艦が一隻、猛スピードでやってきます。私も皆と一緒にその方向に泳ぎはじめました。

駆逐艦（「野分」だったことは、帰国後数年たってから知ったのですが）は五、六百メートルに来て停止しました。はじめは全力で「野分」に向かって泳いでいました。だが途中、ふと

25日2130における栗田本隊、野分と米TG34・5の相対位置(推定)

思い直したのです。戦死を覚悟して入隊したのだから、ここで死ぬのが本望ではないか。私は力泳をやめ、救助艦とは反対の方向へゆっくりと泳ぎはじめたのです。ときどき、立ち泳ぎや背面泳ぎに変えながら、戦友たちがつぎつぎに救助されるのを見、別れを告げました。日本海の港町伏木に生まれ、少年時代の夏の大半を海浜で過ごし、遠泳の経験もあったので、泳ぐことには自信がありましたが、なぜ救助艦を目前にしながら、こんな行動をとったのかいまだにわかりません。

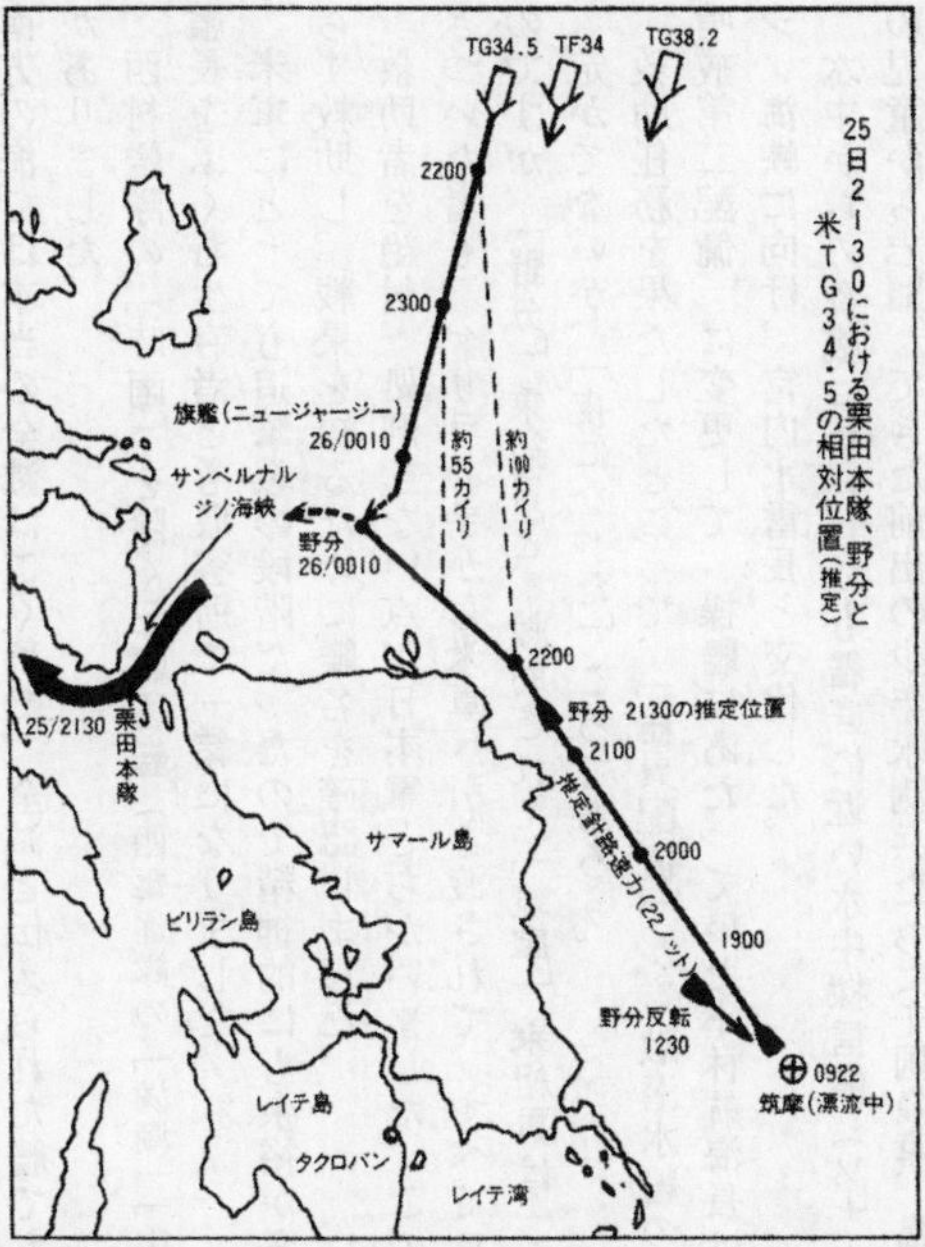

「野分」は泳ぎ着いた者をロープや縄梯子を下ろして百二、三十名全員を救助、そして発進し、やがて水平線の彼方に去ってゆきました。私が「野分」を目撃した最後でした。

私は三日間漂流、何度か自決をこころみたが果たさず、米海軍に救助され、レイテ島収容所へ入れられたのです。

南方の海では本当の全滅はごく稀で、全滅と伝えられた艦でも、かならず一、二名の生存者がありました。

西村艦隊の「時雨」を除く三駆逐艦（四駆逐隊の「満潮」「山雲」「朝雲」）のごく少数者の、艦長をふくむ生存者とも収容所で一緒になりました。

米軍にとっても追撃戦の段階だったので精神的にも余裕があり、漂流者を見つけるとかならず救助し、戦果を知るために艦名を確認しました。

救助者を絶対、処刑しない点が日本軍とちがいました。この海戦で救助された者、島へ泳ぎついた者も、ゲリラの手から米軍へ引き渡されて、すべてレイテ島の収容所へ入れられたのですが、「野分」乗組員と、救助された「筑摩」乗組員は一名もおりませんでした。——

定かでないが、「夜になった」ころであろう。

救助任務を果たしたところで、「総員配置」から敵潜水艦の伏在を考えて、「艦内（対潜）哨戒第二配備」に変更して、操艦にあたっていた小林航海長はひとまず艦首をサンベルナルジノ海峡に向け、宮内水雷長と交代した。

水中からの脅威にたいしても艦底に近い水中探信儀（ソナー）、水中聴音機で若い小学校の児童から志願してきた前出の少年水測兵たち（千国隆章、島田芳雄、平沼定治郎）がレシーバーに耳をそばだてて、敵のスクリュー音を逃すまいと頑張っている。

ここの員長は第一期生の川畑弥太郎兵曹であり、その後着任した第十二期の高橋義吉も加わる。室内はまったくの無音である。水雷長は、自分の部下であるから状況をたしかめ、激励することを忘れない。

非番となった乗員は艦内に入り、遅い夕食をとる。トラック大空襲のときと同じ戦闘配食、お握りと沢庵である。「筑摩」の百名以上が加わるので、食事をつくるのが大変である。烹炊員長大日方幸雄のもと、高橋与志朗、中山吉四郎、行部澤正、平塚輝晴、保坂悦三、荒井勘策、中三川作治郎、佐藤文男に、経理員の梶野弘、隊付の小柳津文太郎も手助けをする。

隊付の岩田達方看護長は、休む暇なく負傷者の手当をつづけている。軍医長が乗っていないので大変である。

水雷長の当直は午後八時までで、次直は砲術長である。この二名は海兵六十九期の同期生であり、そして江田島での四号の小林航海長が加わり、四時間、三直(三交代)のシフトで艦の運行をする。

食事を終えた砲術長が艦橋にのぼって来て、水雷長と食事交代する。

引きつづき艦橋に残り、遮光した海図台でサンベルナルジノ海峡を通峡する航海計画を立案中の航海長に、砲術長が話しかける。航海長は、朝方の通峡では主隊の後を続行してきたので心配はなかったが、これからは単艦であり、水路不案内で灯台も点灯しているかどうか確認してなかったことが悔やまれる、などの不安を海図にあたりながら、一号生徒と四号の関係で気安く話し、食事中の艦長に報告するため、海図を持って艦橋をさがる。

狭い士官室では食事が終わり、艦長、艦長と同年配の今野機関長(共に明治生まれ)、他の非番の兵科と機関科の幹部が食事も終わり雑談していた。話題はこれからのことである。

り出す。

航海長は通峡計画を報告し、従兵の給仕をうけて一人で食事をしながら、いつも笑顔を絶やさない。少々はにかみやであるが、緊張した態度で海峡の中の灯台はどうだったかなと切り出す。

当番食事を終えた水雷長が、艦長も加わり、「海峡の東口の小さなカランタス島の無人の灯台が、ほのかに白く闇に浮かんでいた」とアドバイスして、艦橋当直にもどるため室を出ていった。航海長はその灯台を海図で確かめ、なんとか艦を持っていく自信がわいてきた。

艦長は在室のものに、「明日も対空戦が予想されるから大変だ。少しでも休息をとっておきなさい」と労り(いたわ)の言葉を残して艦橋に昇っていく。

みんなも自室にもどり、従兵が食卓の上を片づけたところで、士官室は無人となった。

しかし、自室に引き取ったものの、眠れるものではない。いつ何が起きるか分からないので待機の姿勢である。士官室の前の通路にもどこにも、「筑摩」の乗員がデッキに座ってまだ食事をしている。

食事を終えて艦橋にもどった水雷長は、航海長のたてた航海計画によりサマール島に沿って主隊の僚艦を追う。

少し遅れて昇ってきた艦長が水雷長に「ご苦労」と呼びかけ、状況報告を聞き、海図にあたり、しばらくの間、暗い海面をたしかめたのち、羅針艦橋とおなじ甲板にあるすぐ後の艦長休憩室に入る。

主隊はというと、「浦風」と「雪風」が嚮導して、「金剛」と「榛名」、「羽黒」と「利根」「矢矧」、「磯風」、「大和」と「長門」、「浜風」「島風」のあとに「能代」がつづき、「岸波」

が殿りをつとめる。一本棒の単従陣、速力二十ノットで、朝方通峡してきたサンベルナルジノ海峡を逆航して内海に入りつつあった。時刻は午後九時三十分ごろである。米資料による「野分」沈没時刻が二十六日午前零時十分ころとあるので、それから逆算して「野分」の同じ時刻の位置を添付図上で、「大和」隊、米艦隊のそれぞれの位置と対比して示してみる。

主隊の全艦が海峡を航過するのには相当時間がかかる。見事な通峡航行であったろう。内海のシブヤン海に一刻も早く入りたいと船脚を早めていた。旧戦場となり、敵の脅威下にあった外海には、損傷して航行困難となった艦と救助艦三隻が放置されたままである。どの艦も翌朝になれば、また敵の空襲があるであろうことを予想しながらの避退、退却であった。

第1遊撃部隊指揮官としてレイテ湾突入を目指した栗田中将。

「野分」は、単艦で航行をつづけてゆく。いざという時に助けてくれる僚艦は、落伍艦の救助に派遣された僚艦だけであるが、その安否が心配である。しかし、問い合わせの電報を打つわけにはいかない。旧戦場にはまだ敵はゴロゴロしている。

昼間の戦闘で約六時間も高速航行したので、燃料が残り少なくなり、船脚は重いが、一刻も早く海峡内に入らないと潜水艦の攻撃も予想される。之字運動（ジグザグと針路を変更する）をしないで直進したいような気持ちである。

機関科当直員が懸命に、無駄な燃料消費をしないように主機関、補助機械の操縦にあっている。機関科は今野機関長以下、幹部四名（石崎掌機長、増川機関長付、小林機械長、鈴木罐長）、下士官二十六名、兵四十二名、若い新兵は少ない。

艤装時以来のつぎの下士官十三名が中心であった。佐藤太七郎、小笠原武雄、伊藤一、池上友彦、糸井昇市、相原国光、関根幸次郎、高山長三、相沢久美、遠藤隆、寺田武彦、星野真一、（工作員）北原修治、そして乗組時期不明であるが、江川武治、佐川勝男も頑張っていた。

分派されてから、一度も連絡をとらなかったとされている。艦長としては、捜索海面はすでに敵の制圧下となり、単艦であるが昼間の戦闘では無傷であったから、海峡を通って安全になったら、無線を発射する予定であったろうか。

退却戦における殿り隊（後衛）の役割は重要である。犠牲が出るが、収容してくれる手筈があれば、安心して任務をまっとうできることは歴史の教えるところである。織田信長が朝倉攻めをして失敗したとき、秀吉が苦戦しながらもその任務を果たしている。

これに反し、ここでは主隊は殿り隊にたいする配慮を示していない。

海峡入口に一隻でもいいから、巡洋艦級の収容部隊を配して二、三時間踏ん張らせれば、「謎の反転」の非難も少しはやわらげられたであろう。この反転は戦史的にも論じられているが、その後の落伍艦を見殺しにしたことは知られていない。

小艦艇は常に主力艦の犠牲にされたことは枚挙に暇がなく、駆逐艦などは戦艦の使い走りであった。戦争が終わってみて、何もなし得なかった戦艦が仰々しく戦史、戦記、映画、テレビ等のマスコミに出てくる。「栄光の戦艦何々艦」などとあることに違和感を持つのは筆者だけであろうか。

米戦艦部隊南下

ハルゼーは二十四日早朝にシブヤン海で発見した栗田本隊に空襲をかけ、「武蔵」を撃沈した。このとき、栗田艦隊が反転し西航したとの報告をうけた彼は、戦艦部隊の指揮官リー(中将)の「これは一時的な行動である」との進言を聞かず、サマール島沖での脅威は去ったと判断する。

そうして、午後一時十二分、指揮下の四つの空母任務部隊に配属しておいた中から戦艦六隻、重巡六隻、軽巡五隻と駆逐艦十八隻を引き抜いて、かねがね熱望していた戦艦の砲戦力を発揮するために、リー中将を指揮官とする第三十四任務部隊を臨時に編成し、日本内地から出撃して予想戦場のエンガノ岬沖に南下している小沢中将直率の空母部隊を索(もと)めて北上していった。

この北上についてもリーは、「この日本艦隊は航空戦力のない囮(おとり)である」ということを進言しているが、ハルゼーはこれもまた、受け入れなかった。

ハルゼーは、長い海上勤務経歴を通して水上艦艇同士の戦闘を経験したことがなく、出撃が予想される航空戦艦(伊勢、日向)との対決を夢見ている。ハルゼーのこの北上が後々、大きな情勢判断の誤りとして批判され、戦後、彼自身もそれを認めている。

ハルゼーの北上の間隙をぬって、翌二十五日の早朝にサマール島沖において栗田艦隊が幸運にも第七艦隊のキンケード中将の護送空母部隊を発見、攻撃した状況はすでに述べた。

サマール島沖で日本艦隊に捕捉され、悲鳴を上げている味方部隊の状況を知っていたし、指揮官キンケードからの平文の救助要請電報もうけていたがこれに応ずることなく、ひたすら小沢部隊を捕捉攻撃し、最大の目標である空母戦艦の「伊勢」「日向」との対決を行なうことのみを狙っていた。このとき、この第七艦隊は海軍であってもマッカーサーの直属であるから、そのため混乱が生じていた。

この状況をハワイのニミッツは通信を傍受していて、戦場の現況を逐一つかんでいたようである。栗田部隊において、小沢部隊との協同作戦は、通信の不達と作戦の齟齬があり、結局、失敗につながったのであった。

このように、日米間の通信技術の差に加えるに、通信戦務の拙さが倍加して、話にならなかった。

現在も通信担当者の処理上のことで話題となっているが、後世まで有名となっている「第三十四任務部隊（リー部隊）はどこにいるか」の電報でしぶしぶ腰を上げ、二十五日午前九時五十五分になってボーガンの空母隊群にたいし、レイテ島沖で苦戦している味方艦隊救助のため行動するように命令した。

最大の速力をもってしても、翌二十六日の正子以前にはサンベルナルジノ海峡沖に到達することはできない状況であったが、みずからはリーの指揮する戦艦部隊を率い、十時十五分に南下をはじめた。

六隻の戦艦をあたえられていたリー司令官は、二十ノットで行進を起こし、十二時に十二ノットに速力を落とし駆逐艦に燃料を補給した。この時刻、栗田部隊では「筑摩」の救助に「野分」が派出されている。

午後三時二十二分に補給が終了したところで、戦艦二隻と三隻の軽巡洋艦と八隻の駆逐艦を抽出し、バッジャ少将を指揮官とする第三十四・五任務隊群を臨時に編成した。

バッジャは戦艦アイオワに将旗を揚げ、ハルゼーの旗艦ニュージャージーは列艦としてその後につづく。さらにその後に、リーが直率する残りの戦艦四隻が控える。

モリソン博士は、このレイテ島沖でも栗田本隊の「大和」の四十六サンチ砲、「金剛」と「榛名」の三十六サンチ砲に対するに、米艦隊の戦艦ニュージャージーとアイオワその他の四隻のいずれも四十サンチ砲、これらの巨砲による戦艦同士の砲戦の可能性について記述している。海上戦闘はすでに空母が主力になっていたが、リーは、やはり戦艦対戦艦が四つに組んだソロモンでの水上砲戦を、ここでも再現したかったであろうか。「栗田のT字戦法」を研究していたと判読される。

ハルゼーは、午後四時一分に隊内戦術指揮系の無線電話で、「速力二十八ノット、針路百九十五度」を下令し、ひきつづいて「三十ノット即時待機、夜戦用意」を、そして翌朝午前一時までにサンベルナルジノ海峡に達することを予告した。

空母部隊のボーガンには、必要な場合に航空支援ができるようにして、本隊の東方を行動するように命令した。そしてバッジャには、翌二十六日の正子までにサンベルナルジノ海峡沖に達し、海峡入口を掃蕩、ひきつづきサマール島沿岸に沿ってレイテ湾まで南下して、遭遇する敵艦をすべて撃滅する任務をあたえた。

これによりバッジャ隊が海峡沖に到達したときには、栗田本隊の残存主力は三時間前にすでにサンベルナルジノ海峡に入り避退していったので、遭遇したのは栗田主隊に追いつくことのできなかった落伍艦ただ一隻であった。同艦を午前零時十分に砲撃によって沈めた。

この落伍艦とあるのが、「筑摩」の救助に派遣された「野分」であったことは、モリソン博士の検証で判明している。

沈没位置は、サマール島北東の北緯十三度零分、東経百二十四度五十四分と推定される。

古来より戦闘は錯誤の連続であり、錯誤の少ないほうが有利となる。この戦闘においても日本軍も米軍にも多くの錯誤があり、情報漏れ、不達による指揮の混乱があって、それが有利にもなり、また不利になっている。

「もしも、たら」、米側では「If」を使用することが許されるならば、ハルゼー艦隊の南下についてだけでも、つぎのようなことが考えられる。

(イ)ハルゼーの南下がなかったならば、「野分」はこの敵に捕捉されることなく海峡内に入って行けた。これに反し、「伊勢」「日向」は六隻よりなる戦艦部隊に捕捉されて、航空直衛の傘のない艦隊であれば、航空機で叩かれ、戦艦の砲撃で全滅させられたであろう。

(ロ)『モリソン戦史』でも、六隻よりなる戦艦部隊が、駆逐艦の燃料補給を四時間ほど早めていれば、栗田艦隊と対決できたという意味のことも述べている。

(ハ)この指揮官がスプルーアンス大将であったら、彼は部下の進言を受けいれて北上することなくサンベルナルジノ海峡にいたであろう。北上するとしたら、ピケット艦、一個駆逐隊を残したであろう。

(ニ)全部隊がサンベルナルジノ海峡沖にいたならば、「大和」「長門」「金剛」「榛名」に対するニュージャージー、アイオワ以下戦艦群とのサンベルナルジノ海峡沖の大海戦が発生したであろう。その場合、勝敗はいかにひいき目に見ても、その隻数から、艦の速力、打撃力からも歴然たる差があり、栗田部隊に不利で、海軍一の砲術の大家で、この時の「利根」艦長黛治夫大佐がいかに頑張っても、多少の戦果は揚げ得たであろうが全滅したであろう。ニュージャージーの三十二ノット、六十口径四十サンチ（十六インチ）砲に対し、「大和」は二十七ノット、四十五口径四十六サンチ（十八インチ）砲の対決であったろう。

『モリソン戦史』によるこれまでの検証では「野分の最期が砲撃で撃沈された」とだけであるが、ハルゼーは自らの伝記において、砲撃につづいて、最後は魚雷により轟沈したと明記している。

「栗田部隊は午後遅く総退却に移り、午後十時、ふたたびサンベルナルジノ海峡に入りつつあった。私（ハルゼー）の部隊はそれより二時間遅れていた。二十六日午前零時（正子）になって少し過ぎ、わが部隊の前衛駆逐艦は、敵の落伍艦の一隻と接触した。

私はこの戦闘をニュージャージーの艦橋から眺めていた。私の海軍在任中、私が見た最初の唯一の海戦だった。わが巡洋艦群は、いっせいに砲弾をその落伍艦に浴びせた。ついでわが一駆逐艦が、魚雷で最後の止めを刺した。魚雷は落伍艦の火薬庫を起爆させたにちがいなかった。なぜなら、約三万メートル離れた私の位置からも、はっきりと落伍艦の爆発がわかったからである。

しかしこの距離では、ニュージャージー艦上にいたわれわれのうち、だれ一人として撃沈した獲物の艦種を判別することは無理であった」

お互いはもちろんその艦名を知らなかったが、「敵の落伍艦の一隻と接触した」とある艦が「野分」であったことは、『モリソン戦史』での検証からも明らかである。落伍艦とは失礼な表現であるが、この時刻、この海面を単艦で航行しているのは落伍艦と見られても仕方がなかろう。真の闇であったことから、この落伍艦の艦型、巡洋艦か駆逐艦かの識別ができず、もちろんレーダーでは艦型判定ができるわけがない。

ハルゼーは、隊内戦術指揮の無線電話系で、各艦長から艦型判別を聞いた。

＊巡洋艦と判定

巡洋艦ヴィンセンス艦長・重巡の「青葉」もしくは「愛宕」クラス。巡洋艦ビロックス艦長・巡洋艦確実。駆逐隊司令・軽巡洋艦「夕張」クラス

＊駆逐艦と判定

巡洋艦マイアミ艦長・「吹雪」または「満潮」クラス。駆逐艦ミラー艦長・「照月」クラス（この艦長が魚雷を命中させた）

＊戦艦と判定

駆逐艦オーエン艦長・「扶桑」クラスの戦艦

各指揮官は、このように戦艦から駆逐艦までと大きな違いの判定をしているが、巡洋艦戦隊の指揮官は、中を取ったのであろうか、「巡洋艦だろう」と判定して決着した。

いずれにしても、戦果は自分に都合のいいように大きめに報告するのは、日本もアメリカも同じである。軍人というものには勲章がかかっている。以下の叙述では、この落伍艦を「野分」とする。

ハルゼーの伝記にある短い情報の内容から、筆者はつぎのとおり、かなり詳細にこの戦闘を再構成、再現することができる。

「野分」を捕捉した敵水上部隊は、第三十四・五任務隊群指揮官バッジャの率いる軽巡洋艦ヴィンセンス、ビロックスとマイアミ、駆逐艦オーエンとミラーである。

指向された砲熕兵器は巡洋艦の十五サンチ主砲（三連装）、各艦十二門の合計三十六門、そして二隻の駆逐艦の魚雷合計十六本。水雷戦隊による砲雷同時戦の典型的な攻撃で、最後の止めは、一番近接して発射した駆逐艦ミラーの魚雷であった。

この時、旗艦ニュージャージーと僚艦アイオワは、八ヵ月前のこの年初めの二月十七日、香取船団をトラック基地の北水道外で捕捉し、空母機の攻撃で航行不能になっていた「香取」と「舞風」を巡洋艦の砲撃で撃沈したが、スプルーアンスは自身の乗艦の四十サンチ砲の砲撃をかけた「野分」を逃がしてしまった。

トラック北水道沖で水平線の向こうに上甲板以上を見せ、さかんに発砲中の戦艦クラス二隻と重巡洋艦クラス二隻、その護衛駆逐艦数隻の艦影は、今でも筆者の脳裏から離れない。当時、守屋艦長も、「野分」通信士であった筆者も、その他の乗員全員にとっても初めての水上部隊との、それも真昼間の戦闘行動であった。

叙上のとおり「野分」は『モリソン戦史』に二度にわたり登場しているが、それぞれの戦闘場面をそれぞれの研究員が担当したからであろう。モリソン博士が、「野分」と両戦艦が二度も対決したことに気がつけば、あの大戦中にそのようなことは滅多にないことであろうから、感動した記述になったと思う。小さな駆逐艦としては稀有なことで、まことに数奇な運命の悪戯であったと言うほかない。

ハルゼー艦隊がサンベルナルジノ海峡に向けて南下しつつあるのに合わせたように、「筑摩」生存者救助後の「野分」も同海峡を目指し、主隊との合流をはかった偶然性が「野分」の悲劇となった。米国戦艦との因縁的な再度の対決となった。

これから筆者の空想は、さらに具体的に深入りしてくる。以下は「野分」とハルゼー攻撃隊の会敵直前の行動の想像記で、その概要は行動図にも示すところである。

眠れぬ夜

やがて、当直交代（午後八時）の五分前となり、次直の砲術長が昇ってきて、水雷長と交代した。

砲術長の当直時間は、正子までの四時間である。次直の航海長は、明け方前の四時までであり、三科長中の最後任であるから一番きつい時間帯、いわゆる草木も眠る丑三つ刻で、商船乗りは泥棒が活動を開始する時間だから「泥棒ウォッチ」と呼んでいる。航海長には、このほかに朝晩の天測による艦位置の測定の職務があり、大変な疲労であったろう。
まだ対敵の公算は大きい。一人となった砲術長は、ただ一隻での真夜中の航海、艦橋では各種計器の照明だけが微かな明かりで、そのほかは真っ暗であるから夜目が効く。艦橋外に出て自身も見張りをする。

乗員二百七十二名と「筑摩」乗員百余名の生命は、いまこの瞬間、弱冠二十三歳の自分の双肩にかかっている。昼間での戦闘の寂寥と艦橋での孤独がひしひしと胸奥に迫り、昼間の対空戦闘では敵の攻撃が戦艦、巡洋艦に集中されたので、艦内での戦死者はなかったが、負傷者は相当出ているし、救助した「筑摩」の負傷者はどうしているのか。軍医官がいないので、岩田看護員は大忙しであろうか。

このような物思いに耽りながら、どれほどの時間がたったのか。昼間の戦闘、救助作業の疲れが睡魔を呼ぶ。煙草をふかす。艦橋の外の見張甲板で当直中の見張員に「異常はないか」と声をかけ、また、信号員と航過するサンベルナルジノ島の灯台、海峡の潮流、針路などの状況について軽く言葉を交わす。だれもが無口である。みんな疲れているのである。

左舷艦首方向にサマール島が横たわっているはずであるが、まだ十カイリほどあり、水平線の外、海岸にある無人の灯台の光芒ももちろん届かない。

副直将校の内藤通信士は、砲術長と反対側に出て見張っている。

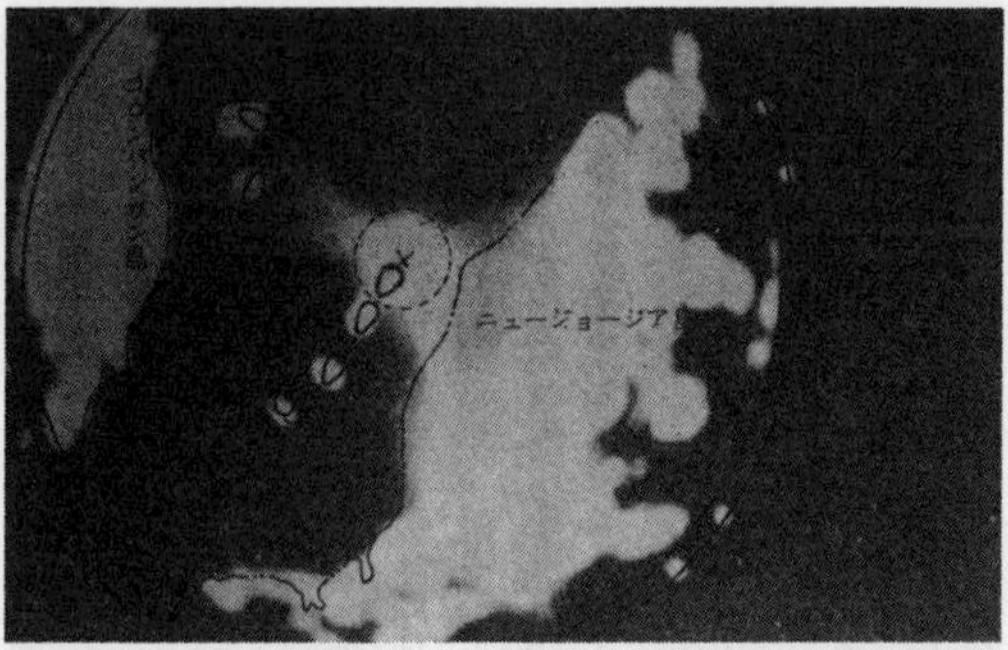

米軍のレーダー映像――ニュージョージア島左に見える４つの点は米駆逐隊、コロンバンガラ島右の２つの点は「峰雲」(上)と「村雨」である。両艦は米駆逐隊の夜間レーダー射撃によって撃沈された。左頁図はレーダー映像をもとに合戦図にしたもの。

艦橋、操舵室の当直員、旗甲板の信号員と見張員、露天甲板の哨戒砲員、後甲板の爆雷砲台員たち、機関室での各配置では、明け方には待望のサンベルナルジノ海峡に到達できると話し合いながら、交代の準備をしている。

「落伍艦ハ処分シ、乗員ヲ救助ノ上、サンベルナルジノ海峡ヲ通リ、コロン湾ニ帰投セヨ」という意味の電報指示を電信員が受信した。電信室の当直電信員は、ベテランの兵曹がレシーバーをかぶる。送信機はスタンバイであるが、無線封止を厳命されている。

昼戦の疲れで艦内で仮眠していた乗員は、「筑摩」の生存者が艦内に溢れているので、外に出ていた者もあった。南国の十月の海上の夜風は快かった。月齢七日の上弦の月、満天の星空、南十字星がひときわ明るくまばゆく輝いている。昼間の激戦を忘れてしまう。

寝ているはずの先任将校の水雷長が艦橋に昇ってきて、若い内藤通信士を激励し、お茶を飲みながら雑談した後、降りていった。今野機関長も当直を終わり、外の空気を吸いに来た

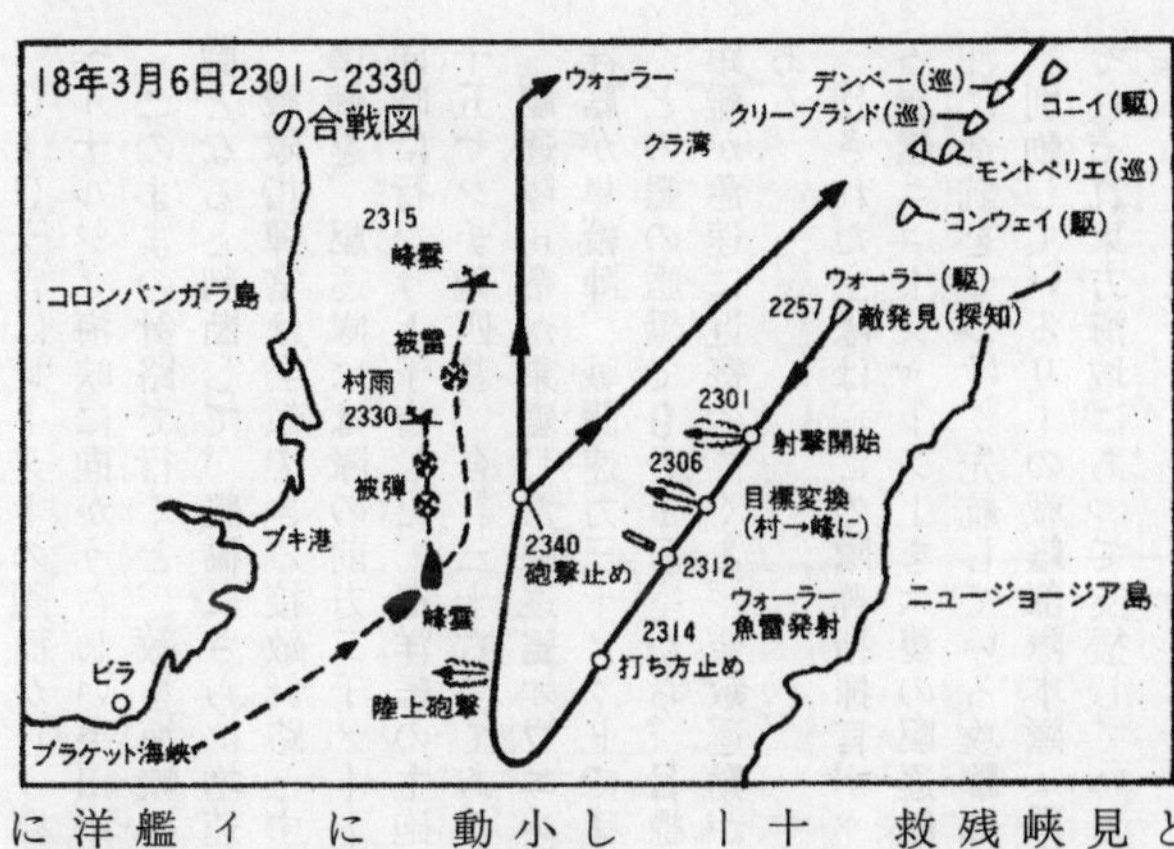

といって昇ってきて、少し話し、何も見えない海面を見て、自室にもどっていった。みんな心配なのだ。海峡のなかに入るまでは、だれもが昼間の激戦の余韻が残り眠れない夜であった。「筑摩」の生存者だけは、救助された安心感からぐっすり休んでいた。

ハルゼー直率の先遣隊群中の一艦が、午後十一時二十分ごろに真方位百七十五度、距離約三十カイリにレーダー目標を探知した。

CIC士官（海上自衛隊では船務長と呼んだ）が判定した結果によると、映像は一つで、小さいから単独の小型艦、針路三百二十度、速力二十二ノットで右に移動する。

この情報はただちに全艦に報告。通報された全艦隊に緊張が漲る。

バッジャはこの敵を撃滅するため、部下の巡洋艦ヴインセンス、ビロッキンとマイアミ、八隻の直衛駆逐艦中のオウエンとミラーの二隻をそれぞれ選んで、巡洋艦戦隊指揮官に指揮を命じた。この分派隊はただちに増速して直衛から離れて進撃、先行する。

ＣＩＣ士官はレーダーの画面から、探知目標の方位が艦首方向に移動すると報告し、サンベルナルジノ海峡に向かうらしい栗田本隊の落伍艦であると判定する。

このままの針路で行くと、敵を海峡の中に逃がしてしまい、狭い、制限された海域での戦闘となると判断して、艦橋にさらに増速を進言する。

戦隊指揮官は会敵できる接敵針路とするために少し右に変針する。三隻の巡洋艦に砲撃の準備を、駆逐隊には隊の前方二千メートルに占位して魚雷戦用意を命じ、砲撃戦と魚雷戦を同時に行なうと予告した。巡洋艦の主砲は、射撃用レーダーシステムの管制による三連装の十五サンチ砲四基、合計三十六門である。

駆逐隊司令が乗艦した駆逐艦オウエンが先頭を切り、ミラーがつづく。その後を三隻の巡洋艦が単縦陣、戦闘速力三十ノットで猛進する。

どの艦の艦橋でもＣＩＣ室から、目標の行動を刻々報告してくる。目標の方位が変わらず、距離が急速に近寄ってくる。会敵運動が旨くいっている証拠である。戦況は手にとるようである。

残された主隊は、この隊群指揮官バッジャの旗艦アイオワ、最高指揮官ハルゼーの座乗する旗艦ニュージャージーを六隻の駆逐艦が護衛し、針路、速力を保ちサンベルナルジノ海峡沖に進航をつづけ、先航している攻撃部隊の戦闘を固唾を飲んで待った。

別動しているリーの戦艦部隊本隊（戦艦四隻と護衛駆逐艦）とボーガンの空母任務隊群とは、それぞれ東方海域にあって支援している。ともかく、ハルゼー直率の大艦隊である。

ここにいうCIC室は「Combat Information Center（戦闘情報中枢）」のことで、ソロモンでの海戦のころに開発実用化され、装備されたシステムである。自分の艦の航跡は刻々の針路と速力から機械的に自画され、所定間隔（おおむね一分ごと）の対水上レーダーからの情報（目標の方位と距離）を艦上のトレーシングペーパーにプロッター（作図員）が作図する。

これをDRTといい、この作図から正確な敵の針路、速力が出される。米国のレーダーはすでに現在のような自艦を中心とした今では当たり前になっている「PPIスコープ（図式位置表示）」であったのに反し、日本のは原始的な表示であった。

添付のレーダー写真は、前年の三月六日のコロンバンガラ島への陸軍部隊輸送中の駆逐艦（村雨と峰雲）を米駆逐隊（五隻編成）がレーダー射撃で撃滅したときのもので、このときのDRTで作図された敵味方の航跡図とともに『モリソン戦史』に初めて掲載されたものである。

われわれは「紅毛人は目が青いから、黒い目玉の日本人に劣る」と教えられた。まったく非科学的なことであるが、それを信じて、双眼鏡による肉眼見張りのわが海軍は、夜戦が得意中の得意であると誰もが自惚れていた。

PPIスコープというものは日本では考えも及ばなかった技術化のシステムであり、昼戦も夜戦もあったものではなかった。アメリカでも、「日本人の目の構造が特殊なため飛行機の操縦には適しない」との記述がある。どちらも同じようなものである。

相手にはさらに射撃用のレーダーシステムがあるから、砲撃は命中間違いなしである。創設期の海上自衛隊に貸与されたアメリカのフリゲート艦（PF艦）のCIC室を見て驚いた。

このPF艦を約百隻急造したが戦争に間に合わなかったので、モスボールにしていたものを日本に十八隻貸与してくれた。これでは戦争にならなかったというのが率直な感想であった。

このような敵の艦隊が近づきつつあることを、艦橋ではまったく知らなかったのであろうか。幼稚であった「電探」も、敵のレーダー電波を逆探知する「逆探」もある。「逆探」については、この作戦に先立つ二ヵ月前に、佐世保からリンガ泊地に進出する途中、ベトナムのカムラン湾に寄港したときのことを想い出す。

筆者もまだ乗艦していて、艦隊が補給を終了し出港した直後、「野分」が敵潜水艦の魚雷攻撃をうけたが、艦底通過後の爆発であったので難をまぬかれた。その直前、きわめて短時間であるが「逆探」に感度があったものの、このときは何らなすところがなかった。その性能は幼稚なものであったが、役に立ったのである。

しかし、敵はこんどは勝ち戦であり、しかもきわめて多くの艦艇がレーダーを常時使用していたはずである。その「逆探」はどうしていたであろうかが、少し気になるところである。感度があり、付近にレーダー波を出す艦が多数いることを知ったが、すでにどうにもならない状況に陥っていたのかも知れない。

これらの電探、逆探を操作するのは、横須賀出港直前に電測学校を卒業してすぐ着任した者たち、内海信雄（普電測第二期生）、高橋文夫、平塚寿、長谷川久一、原辰雄、横田治八郎、大石真一（同第三期生）の各一等水兵であり、その長はラバウル作戦以来の長津直治兵曹であった。

艦内の哨戒当直は、対敵（水上、水中、航空）警戒が一番緩やかな第三配備ならば総員を三直とし、四時間の交代制である。状況が少し緊迫し第二配備にすると二直、戦闘ともなれば総員配置になる。

戦艦「武蔵」の最期。比島沖海戦で日本海軍は戦艦から「野分」のような駆逐艦まで大小多数の艦艇を失い、壊滅的な打撃をうけた。

この日も早朝からの戦闘、救助作業で、乗員は疲労困憊の極みにあったと同情するところである。砲台にも爆雷砲台にも、横須賀出港前に乗艦してきた四十名近くの若い新兵が先輩の古参兵にまじり、交代で配置についている。明治生まれの応召の新兵十七名も当直にあたる。

当直明けまであと十五分ほどになり、次直の航海長と坂本掌水雷長を当番が起こしているころである。

当直に立っている内藤通信士が二十六日午前零時の推測艦位（目標となる陸上の燈台などが見えないので概位である）を出して哨戒長に報告し、次直の掌水雷長と交代して艦橋を降りた。

砲術長は、この艦位と今後の行動を艦長休憩室で仮眠中の艦長に伝声管を通じて報告する。

「艦長、正子の予定位置はサンベルナルジノ島灯台の六十九度、四十五カイリ、あと十分で針路二百四十五度に変針して、速力を十五ノットに落とし海峡に向かいます。この速力で行きますと、灯台正横に達するのは、あと三時間です。視界は良好で、艦内異常ありません。間もなく航海長と当直を交代します」

艦長から、「通峡の一時間前に起こしてくれ。しっかり頼む」——このような会話が当然あったはずである。

「正子」とは「まさこ」と読みそうであるがここではそうではない。辞書では「しょうし」であるが、天文三角、球面三角の教務で「しょうね」と教えられた。「子」は十二支の「ねずみ」であり、太陽が地平線下において子午線を通過する時刻、夜間の十二時をいう。昼の十二時の「正午」に対するものである。

伝声管に口をつけて直下の操舵室の当直操舵員につぎの之字運動の針路、速力の保持を指示した後、艦橋の外に出て旗甲板で煙草に火をつけて次直の航海長を待つ。昼間の戦闘で疲れたのであろうか、航海長はまだ艦橋に昇ってこない。艦橋の当直員たちはすでに次直員と交代を終え、哨戒長付にとどけている。

交代したばかりの時鐘当番から、二十六日になったことの報告があった。通常航海ならば旗甲板にある「時鐘」で知らせるのだが、対敵行動中であるから、鐘の音が外に漏れることを恐れて鳴らさない。

艦艇、船舶には帆船時代からの風習で、時を報ずる時鐘がある。三十分ごとに打鐘する。これを担当するのが時鐘番兵であり、時鐘の打ち方は万国共通である。一点鐘から始まり八点鐘で終わり、これの繰り返しである。

一点鐘（〇〇三〇、〇四三〇、……、二〇三〇）
二点鐘（〇一〇〇、〇五〇〇、……、二一〇〇）
八点鐘（〇四〇〇、〇八〇〇、……、二四〇〇）
ただし、一八三〇は一点鐘、一九〇〇は二点鐘を打つ、打ち方は最後の二つの打鳴は接続して打つ。〇二三〇ならば「カン　カン　カンカン」である。

波間に青白い夜光虫が光る海面、うねりも納まり風もない。羅針儀（ジャイロコンパス）のレピーター（受信器）のきざむ音が静かな艦橋に響く。戦場海面は天候が不良であったがようやく納まった。艦首が切る波に、夜光虫だけがまばゆいようにチラチラする。目指す海峡はもう近い、明け方には通過するであろうが、それまでは気が許せない。この海域の日の出は、午前六時三十分（現地時間午前五時）ごろである。

レピーターのきざむ音のみせわしげに　久方振りの軍艦の夜
主機械の響もきかず艦橋に　夜たちおれば静かなりけり
（高松宮日記・巻二）

砲術長の悲劇

このように、砲術長がほっとした気分になっていたその瞬間、右舷正横後部で発砲の閃光を認めた。

その閃光に照らし出されて、かなりの大型艦らしい三隻が同航しているのが分かる。距離ははっきりしないが、水平線内で一万ないし一万数千メートルと長年の経験で判断した。つづいて艦の至近に多数の弾着の水柱があり、そのうちの二発くらいが後部に命中した大きな衝撃を感じ、機関室との連絡が途絶え、ついで艦内の明かりが消えた。操舵員から、舵が利きませんの悲鳴に近い報告、行き脚が急速に落ち、船体が傾く。船体中部の機関室と後甲板に命中した。露天甲板がだんだん海中につかり、波に洗われはじめる。物を考える暇もない。

艦橋後隣の休憩室で仮眠していた艦長の姿は、闇の中で見えなかったが、叫ぶような大声を聞いた。艦が右側に急速に傾いたので右舷に向いている扉から脱出できなかったのであろう。

敵は最新の射撃用のレーダーシステムを持っている。一方的な砲撃、まったくの不意打ちであってみれば、「野分」にはなんらなす術もなかった。初弾命中であったろう。ソロモン海域の夜間戦闘以来の戦闘でもそうであった。

砲弾が機関室に命中して航行停止、後部の舵取機械室が破壊され操艦不能、その双方が起こったのであった。どれくらい死傷者が出たか一切不明である。総員配置の命令をかけたかどうか分からない。

乗員も異常を感じ、自分の戦闘配置に就こうとするが、照明が消えているうえに艦内の案内不如意の便乗者が混乱を倍加した。船体が傾き、外に出られない。砲弾の命中、爆発により艦内で仮眠中の乗員で即死した者ももちろんあった。舵取機がやられ、艦は急速に旋回をはじめ、主機関も停止してしまった。

「総員配置ニ就ケ」の号令をかけたが通じない。弾庫が火災を起こした。その間、どのくらい経過したか。このような最悪の事態が瞬間のうちに発生した直後、魚雷一本が艦中央に命中、船体は裂け、瞬時に両断して沈みはじめた。乗員で甲板に出てきた者を見なかった。振り落とされたのか。

敵の攻撃隊の巡洋艦三隻の砲撃に引きつづいて、駆逐艦二隻の魚雷発射があった。駆逐艦ミラーが発射した魚雷で、何も分からないうちに止めを刺された。

瞬時の爆発、船体は両断、沈没しはじめ、艦内の乗員が脱出できる状況ではなかった。

露天甲板にいた乗員の肢体が虚空に飛び散り、艦内にいたほとんどの者は、艦とともに海底深く沈んだ。左舷旗甲板に出ていた砲術長と、見張り甲板で双眼鏡についていた見張員、旗甲板にいた信号員、哨戒砲についていた砲員たちが爆発の衝撃で艦外に放り出された。

ハルゼーは攻撃隊の後方約三万メートルを続行していた。彼は水平線近く魚雷命中による敵艦大爆発の光景を、旗艦ニュージャージーの司令部艦橋の長官椅子に座って見ていた。

彼が、長い海上勤務で初めて見る戦闘であったとの記録は前述した。いま沈没しつつある艦が、トラック島沖で戦艦ニュージャージーの四十サンチ主砲の射撃から脱出し、逃げ切ったことを知っている乗員はいない。知っているのはこの艦だけであった。

艦外に放り出された者も相当あった。爆発の衝撃で重傷を負った者、軽傷であった者などさまざまなまま、夜の、重油漂う海上を単独で、ばらばらに、人を呼ぶ気力もなかったであろう。

高橋砲術長もそのうちの一人であった。負傷したか、海中に入ったとき気を失ったのか。

砲術長が気がついたときには、まだ海の中であった。夜も明け太陽が大きな島の頂きからのぞいてまぶしかった。重油が目に滲みる。大きな島だと思ったが、名前を思い出せない。水を飲んだようでもなかったが、全身が痛む。そこがどこだか確かめる気力も起きない。どこかで呼ぶ声を聞いたような気がしたが、また深い睡魔がきた。沈んでいく者もあった。

つぎに気がついたときは砂浜の上で、横たわった姿のままだった。太陽は真上で、南洋のひざしが暑い、椰子の木が見えた。重油で真っ黒な顔をした兵隊が数名、心配そうに覗いている。体が痛み、致命傷はないが、歩行は困難のようであった。

島の名前を聞いたが、だれも知らない。海峡の入口に近く、流れが複雑である。島に向かう海流に乗って流されたのか。どこかの島に漂着したと思ったが、サマール島であるかどうか。他の島かもしれない。生きていたことの実感が湧かなかった。頭の中は昨夜の悪夢で一杯、あまりにも大きなショックで考えることができない。

その後、彼らはジャングルに入り、互いが助け合い、かばい合いながら味方を捜し求めていたのであろう。昼間は現地人に発見される怖れがあるので、夜間の行動である。幾日がたったであろうか。そして、ついに気力、体力を使い果たし、親兄弟を思いつつ一人、また一人と最後を遂げたのであろう。

砲術長が横須賀を出るとき、詠んだ辞世「おのが身をくだきて君に捧げんといやたかし佳節をむかへ」は、今なお涙なくしては読めない。

沈没時に負傷したであろう砲術長が早くに亡くなり、同行した乗員がその遺体を葬り、墓標を建てたということになろうか。同行した者の員数は知るすべもないが、確実に生存したと思われる。でなければ、官氏名入りの墓標は残されなかったことになる。その氏名を明らかにできない残りのグループは、いつか発見されて故郷の家族の許に帰ることを望んでのことかもしれない。

どこかで拾った板切れにか、筆もなかったであろうから、焚き火の燃えかすでか、「故海軍少佐高橋太郎の墓」と書き残して、山中に味方を求め、彷徨していったのであろう。そして、同じようなことが順番に残りの者にあったが、最後の一人は後始末をつけてくれる者はない。彼らの墓標は、今でもジャングルの中で発見を待っているが、もう朽ち果ててしまったであろう。

「野分」は、本隊とともに昼間戦闘後、いったんはサンベルナルジノ海峡に向け避退していったが、その途中で反転し、「筑摩」救助に派遣された。

すでに敵の制空、制海権下に落ち、しかも夜のとばりが下りつつあった海域に、敢然と引き返した行動において、ただ一人の「筑摩」生存者船田(林)義章氏は、沈没し漂流していた「筑摩」乗員を、身を犠牲にして救助して使命を遂行したことを証明してくれた。「野分」戦死者にとっては不幸中の幸いであった。しかし、天は味方せず、そのための約三時間の経過が命取りとなる。守屋節司艦長以下総員が救助した「筑摩」乗員ともども、轟沈の運命を辿ることになってしまった。

轟沈させたのは、レイテ島沖に向けて南下中のハルゼーの直率する戦艦と巡洋艦、駆逐艦群であった。エンガノ岬沖で小沢囮部隊に航空攻撃をかけていたハルゼーに、ハワイの司令部からの電報で状況の問い合わせがあったので、彼はしぶしぶ戦闘を中止しての引き揚げ中であった。

サンベルナルジノ海峡まではあと四十五カイリ、ほんのわずかの距離であり、夢にえがいていた内海の島々は、その日の早朝出撃して来たので乗員の脳裏に残っている。本隊はすでにビサヤン海に入っているころであり、このまま行けば明け方には海峡にたどりつき、避退できるであろうと、当直以外の乗員はしばしの仮眠に入っていた。

このように想像するとき、元乗員の一人として痛恨の極みである。

かりに二時間も早く引き上げたら、敵との距離約五十カイリで、レーダーの探知圏の外を航行できたであろうにと考えると、悔やまれてならない。

一時間であっても、敵との距離が約三十カイリ足らず、発見されたとしても、海峡の中に逃げ込んで運がよければ助かっていたかもしれない。そこでは僚艦が引き返して収容してくれ、脱出できたかも知れない。

適当に捜索して早く引き揚げることもできたのであろうが、守屋節司艦長と乗員二百七十二名はそうはしなかった。海軍の伝統の精神を身をもって遂行し、「筑摩」生存者百余名を救助した。このことは戦史には何一つ残っていない。

戦争に負けることは、とくに戦死した人たちにとっては哀れである。決してこのような愚かなことをふたたびしてはならない。

つぎの乗員は、戦後、遺族との連絡がとれずに厚生省での調査ができなかった。その乗艦日時、マーク（特技）、所属分隊などが分からないが、それぞれの時期に着任し、最後まで奮闘したのであった。

①、②、③＝神谷実、小川貞規、茅野昇、牧島公次
水兵員　浅利三郎、赤間秋男、近藤治平、上杉猛、小山田克雄、高橋孝、青井忠、田島義治、小野瀬利吉、牧寄浩、大庭清、谷地逸郎、柳稔、前田寿夫、前川春義、吉野喜代司、上原明、浅井誠治、高野信義、和田長生、山口幸雄、菅原五郎、佐々木誉四智、高松義美、長谷川正、落合弘

④機関員＝村沢利雄、青井高則、吉田勝雄、斎田孝一、加藤実、阿部猶三、片岡膳泰、南雲栄一、高下重次郎、作山正吉、山口義夫、大友孝、吉沢勝已、秋間武

第九章　終戦への長い苦難

国敗れて

「野分」が行方不明となり、六ヵ月を経過するまでは、生存の可能性を考慮して沈没の認定は行なわれなかった。その間、戦局はさらに不利となり、比島にマッカーサーが上陸し、美しかった祖国はB29爆撃機の爆撃で焼土と化しつつある。

沖縄が敵上陸軍に侵され終焉に近くなり、大和水上特攻隊の沖縄突入作戦で栄光の連合艦隊水上部隊が壊滅したころ、昭和二十年四月二十六日、「野分」の喪失が認められて、二百七十三名の乗員総員が戦死と認定された。そして、遺族には戦死公報が伝達された。

福島県泉崎村出身の若い電信員海上弘毅上等水兵の遺族に届いた戦死公報がある。

「海軍上等水兵海上弘毅殿には比島東方海面に於て奮闘中、昭和十九年十月二十五日戦死を遂げられたる旨公報有之候条、茲に御通知申上ぐると共に謹みて深甚の弔意を表し候尚、御生前の戦功に依り同日附海軍水兵長に進級せしめられ候

追て機密保持の為生前の所属艦船部隊名は一切他に漏られざる様御注意被下度」

「横人第八〇号ノ四ノ二六」で、昭和二十年四月二十六日の日付、横須賀海軍人事部長から祖父と父宛てのものである。戦死の日時だけは正確であり、その場所は「比島東方海面に於て」と、あまりにも漠然すぎるが、いちおう間違いない。しかし、驚いたことに乗艦名がない。その上、機密保持のため艦名は一切漏らすな（知っていても口外するな）ということが付記されている。

故人は大正十一年七月の生まれ、筆者と同年である。故郷の尋常高等小学校を卒業し、昭和十八年一月、横須賀第二海兵団に入団、つづいて海軍通信学校に入校した。電信員となるために徹底的な教育をうけ、精神的にも体力的にも一段と成長し、卒業成績は百二十人中の十七番ときわめて優秀だった。そして、「野分」乗組に発令された。

このとき「野分」は石川島での修理完了後、トラック基地に進出していたので、輸送空母「冲鷹」に便乗して現地に進出後、乗艦した。そして、約一年半の間、交信員として各戦闘で古参電信員に伍して活躍したのであった。

昭和二十年五月二十九日、海軍総隊が創設され、小沢治三郎中将が軍令部次長から任命された。この人事は、米内光政大臣が小沢中将の統率力により海軍の終戦処理を混乱なく進めることを考え、海軍の残りの全部隊の最高指揮官としたといわれている。

もちろん、名ばかりの連合艦隊長官を兼務することになったが、多くの先輩をおいての抜擢であった。

米海軍では、開戦時の太平洋艦隊長官キンメルは巡洋艦戦隊司令官から一足飛びに四十六人もの先任者を追い越して艦隊長官に昇進し、その後、ニミッツも少将から大将に特進して長官となった。日本では考えられなかったことであり、小沢長官の特進はすでに遅しであった。

何物にも代えることができない尊い犠牲を払いつつ戦局はさらに不利となり、戦闘が本土防衛にと進展し、ハルゼー機動部隊に踏み荒らされ、八月に入り、広島、長崎への原子爆弾の投下となった。

米海軍の対日作戦の『オレンジ計画』によると、米計画担当者たちは、つぎのような判断にいたった。

「(神風特攻という) 自殺的戦術を目の前にして、日本という組織された社会は、包囲攻撃という程度では、無条件に敗けを認めたりはしないであろうという気の滅入るような予測が強まっていた。戦争終結の日を確実なものとしてくれる方法は、もはや侵略以外にはなかった」

その方法としていろいろ議論の末に、五月二十五日になって、統合参謀本部は、十一月一日に鹿児島、翌二十一年三月に本州にそろぞれ上陸するとの指令を出したのであった。

九州上陸の指揮官は、スプルーアンスの番になる予定であった。

ところが、その予定が、この計画者たちのだれもが予想もしなかった原子爆弾の開発により、早まることになった。トルーマン大統領は無条件降伏を早め、連合軍側の損害を少なくするというので、その使用を許可したのである。

「原子爆弾は、耐えがたいほどに戦争が長引くという可能性を排除することになった」

広島、長崎にたいする二発の原子爆弾投下で、日本の継戦能力は潰え去り、昭和天皇の聖断で昭和二十年八月十五日、無条件降伏という事態で長かった戦争は終了した。

ハワイの太平洋艦隊長官ニミッツは、太平洋海域に作戦中の全部隊にたいし、日本軍にたいする攻撃的行動の即時停止の電報を発した。

"ORDERS HAVE BEEN ISSUED TO THE US PACIFIC FLEET AND TO OTHER FORCES UNDER THE COMMAND OF COMMANDER IN CHIEF OF THE US PACIFIC FLEET AND PACIFIC OCEAN AREAS TO CEASE OFFENSIVE OPERATIONS AGAINST THE JAPANESE."

このとき、ハルゼーは、旗艦ミズリーに乗艦し、関東、三陸沿岸、北海道を総なめにして房総沖にあった。彼の対日作戦は、まずドゥーリトル爆撃隊を率いての初の日本本土爆撃にはじまり、二年数ヵ月後に日本の焼土化作戦を敢行中であった。

真珠湾の惨禍を見た彼の「Kill Japs. Kill Japs. More Kill Japs.」の信念、怨念を完全燃焼させたのであった。

駿河湾に入ってきて見た富士山は、一九〇八年（明治四十一年）十月十八日、ザ・グレート・ホワイト艦隊（大白亜艦隊）の乗組初級士官として東京を訪問したときと少しも変わっていなかった。

この東京訪問は先に述べた『オレンジ計画』の世界一周航海の途中であり、もちろん、アメリカの国力、とくに海軍力を日本にしめす示威運動であった。このときはホスト側も、ゲスト側も最大級の配慮をして、東郷平八郎元帥が舞踏会の席で英語で演説をしたのを、ハルゼー少尉も同期生のニミッツ少尉も乗組の若い候補生も共に聞いていた。

日本軍は、ミッドウェー海戦でスプルーアンスに敗退した。そして、ガ島でハルゼーに追い落とされた。それ以来、智将スプルーアンスと猛将ハルゼーと、この二人を交互に使ったその指揮官ニミッツの新戦略にしてやられたのである。

米内大臣の念願だった小沢長官の統率力により、海軍の解体がはじまり、まず航空隊から復員が開始された。外地（元山）から航空機で帰国した高官があり、残された筆者のコレス（機五十二期）を指揮官とする部下たちは極寒のロシアで、食もなく苦労した。

内地では、血気さかんな者たちによって、継戦行動（厚木基地の反乱航空隊、佐世保の潜水艦部隊の山籠未遂などの事犯）があったが、いずれも大事にならずに、武装解除、復員を終え、七十余年におよぶ海軍は解隊された。

小沢長官にとってはわずか数ヵ月であったが、長い苦難な毎日であったろう。

小沢連合艦隊水上部隊の最後の第三十一戦隊は、旗艦「花月」（司令官松本毅少将）、第四十三駆逐隊（桐、蔦、竹、榧、槙、宵月）、第五十二駆逐隊（杉、樫、楓、萩、樺）であり、その一部艦船が瀬戸内海西部、屋代島と倉橋島の海岸などで偽装用の網をかぶり、後甲板に回天投下用の滑り台を特設して、四国沖に出現するであろう敵輸送船団にそなえた哀れな姿であった。

筆者の乗艦「桐」もその一隻で、場所は山口県柳井市阿月相の浦海岸であった。終戦と同時に偽装をとき、関係書類を海岸で焼却し、呉に帰るときに爆雷で近くの漁場、切り立ったロック（R）とある浅瀬を海図であたり、鯛などを獲った。

平成七年十月、筆者はこの地を訪れた。バス便がわずか一日四本、静かな漁村に返っており、古老森繁豊（九十一歳）さんと当時のことを回顧した。いわゆる過疎の、老人と空き家が多い村落で、山間の段々畑は、人手がなく、荒れるにまかせて山林となり果てていた。この老人の弟さん二人は、海軍で戦死されたという。ここにも戦争の犠牲があった。

崎（みさき）の先端を右にまわったところが室積港である。そこへ通ずる道路は広くないが、きれいな海岸に沿い、すっかり舗装されている。その両側には、都会ではすっかりなくなったが、帰化植物セイタカアワダチソウが一面に繁り、黄色いブスイな花が印象的だった。占領時代の落とし子がここには生きつづけている。

ところで、これらの残存艦艇は、これから長期にわたって海外に残された軍人、一般人の復員業務が待っていた。一部大型艦もあったが、戦争に負けた罪滅ぼしをしたのはほとんどが駆逐艦以下の水上艦艇で、最後までお役に立ったのであった。

無言の帰還

「英霊」とだけ書かれた紙切れ一枚の遺骨を受け取ったとき、さまざまな人生模様が「野分」の二百七十三遺族の故郷においても繰り広げられた。伊号一六五潜水艦で戦死した筆者の同期生（宮ノ原安男君）の母親が詠める、

「渡されし遺骨の箱のいと軽く開くる勿れと兄の言いたり」

は、「野分」の遺族にも共通する悲しみであったろう。水漬く屍の宿命にある艦船乗員で

はあるが、あまりにも悲惨の極みであった。

肉親も亡骸を見ることはとうてい不可能な状況とは承知していたものの、遺髪も遺品もなく、一片の紙切れだけで最愛の肉親の死を認めなければならなかった無念さ、やるせなさは遺族に共通した嘆きであったことであろう。他人ではとうてい推し測ることはできない。

故鯉沼守兵曹は、茨城県大子町の出身、長兄も海軍で戦死し、実妹鯉沼みのりさんは戦時中、救護看護婦として召集をうけ、陸軍東京第一病院に勤務、広島の原爆のあとの救護に派遣された。他家に嫁した佐藤周子さんと家を継いだ弟がある。

「貧しい農家のなかで、五人の兄弟姉妹は肩を寄せ合って育ち、兄たちは尋常高等小学校を終え、妹や弟のため寒さの中、自転車で一生懸命働いていた」

「早い時期に戦死の人は村葬をしてもらい、大事にしてもらったのに、同じ国のために散ったのに遺骨の出迎えが禁じられて、はがき一枚の白木の箱がくやしくて残念だ。国のために奉公させたが、こうした世に変わっては、年金よりも息子を還してもらったほうがよかった」

と父親は、子供たちによく語っていた。

北海道ニセコ町生まれの故小柳津（旧姓林）文太郎兵曹は、昭和十九年に武山海兵団勤務のとき結婚（婿養子縁組）、三月に「野分」に乗艦し、七月から八月半ばごろには横須賀で新婚生活を送った。戦争のことは何も申しておりませんでしたと、未亡人テウ子さんは語る。

「東京の五反田におり、二十年五月、父の田舎、福島県中島村に心をひかれながら強制疎開させられた。その月末、残る荷物を取りに上京したら、区役所から訪ねて来たとの話、行ってみると戦死の通知、それも前の年の十月二十五日に戦死していた。戦後、私は子供もいないし、年老いた両親の心配もあり、こちらで二度目の結婚をいたしましたが、その主人も亡くなりました」

暗号員長・故高橋辰男兵曹の未亡人日出野さんが、久里浜の復員局に夫の戦死状況を問い合わせに行ったとき、「野分は轟沈だから遺留品はない」との簡単な返事をうけ、川端を辿って帰った。

横須賀市大矢部町で慣れない世帯を持ち、翌年十九年二月（トラック大空襲時）に娘が誕生して喜んでいた。

「一人遺してくれました娘は、父の顔を知らぬまま成長いたしましたが、四十四歳となり、高三を上に男の子ばかり三人の子持ちとなっております。娘の主人も独立してくれましたので、娘をかかえ途方に暮れた当時を考えますと、歳月とは申せ、有難く感謝のほかございません」と言い、さらに「困難にぶつかるたびに、主人さえいてくれればと、残念なことも多くございましたが、加護のお陰で感謝することも多くございます」と。

この未亡人は公報を受ける二ヵ月前、満一歳の娘さんの誕生日から公務員として勤めをはじめ、三十一年あまり勤務して昭和五十一年七月、五十一歳で退職した。

「臨終に会うことができなかったばかりに、納得はしているはずですのに、諦められぬこの気持ちは終生つづくことでございましょう。二十九歳の遺影を眺めつつ、私ばかり永生きして申し訳なく思いますが、これも加護のお陰と感謝しています」

故高橋久志上水は、大正元年十一月の生まれ、樺太庁中央試験場農芸化学土壌分析研究所で技手として勤務中、身重の妻アイさんを残して昭和十九年三月応召、四月一日に入団し、「野分」最後の内地出撃直前の七月十五日の着任、配乗であった。

アイさんが夫の戦死の知らせを受けたのは、樺太豊原の郊外、小沼という小さな町にある中央試験場の官舎で、豊原へつづくペーヴメントの両側は雑木林が立ち並び、小鳥が囀り歌う、おおらかな春の日の午後であった。

沈痛な面持ちで、「悲しい知らせを持ってまいりました」という役場員の突然の知らせ。アイさんは覚悟はしていたものの、そのときの驚き、交錯した心の動揺はとても言い表わしようがない。窓を鎖ざし戸を閉めて、幼な子をしかと抱きしめたままトイレに入り、とめどもなく溢れ出る涙の涸るまで泣けるだけ泣いた。

「その涙は人に見せてはならない軍国の母の涙であり、銃後を守る妻の涙だったのです。何刻かたって我に返ったそのときは、残されたこの子に対する、どうしても果たさなければならない義務と責任を決意している強い母としての私でした」

平然として義父や隣人に知らせて歩いたのは、それからかなりの時が過ぎてからであった。

ハイハイさえやっとの子が、夜ごとに床を這い出しては窓下で嬉々として遊んでいたり、紙を黒く塗り重ねてつくった防空用カーテンが夜明にカサカサと巻き上げられる音を幾度も聞くなど、不思議なことがつづいたのも、なんとか夫が自分の死を早く知らせたかったのだと、アイさんは思った。戦死していたのは半年も前だった。

「祖国防衛のため、身命を捧げる覚悟で征った夫も、親としてどんなにか我が子を一目なりとも見たかったことか、そして、わが子を腕にしかと抱いてみたかったことか、思えば、その無念さが痛いほどわかります」

そして、昭和二十二年、身も凍てつくような一月、三歳に満たない子どもを連れて北海道滝川市に引き揚げ、教員として苦労の日を重ねた。

「死ぬことの容易さと、生きるということの辛さをしみじみと知らされました。果てしない数々の思いを胸に秘めて、二十代であった私も、いつしか七十歳の声を聞くようになりました。あのときから四十四年の歳月を五里霧中で働きつづけた波瀾の人生に終わりを告げ、今は、嫁と子と、そして孫に囲まれ、こんな日々を送っていますよと、朝夕両手を合わせて話しかけ感謝しています」

戦死公報が届かなかった遺族もあった。

前出の罐長であった故鈴木定一少尉の遺族、静岡県志田郡豊田村の鈴木芳枝さんで、終戦の翌年四月十日にようやく届いた。発刊件名番号が前出の戦死公報のそれとつづいているので、担当者のミスであったろう。

一年遅れのためすでに栄光の横須賀鎮守府ではなく、終戦処理の横須賀地方復員局人事部長からのものであることに、日本海軍の滅亡の哀れさを示している。

それにしても、この遺族は知人を介して夫の乗艦がサマール島沖の戦闘で行方不明となったことを知ったが、公報がないため、どうなっているかと、どこかの島に生きているのではないか、今にも帰ってくるのではないかなど、不安の永い期間を過ごすことをしいられたのである。

あとがき

太平洋戦争が終わってからすでに半世紀余りがたった。あの大戦で三百二十万という戦闘員、非戦闘員がその犠牲になり、永い間、日本全体が苦しんだ。

今日、アメリカの記録は全面的に公開されている。

筆者も三年間の戦陣参加(「伊勢」「大和」「野分」「桐」乗組)で、中央のことは知るよしもなかったが、アメリカの戦史、資料をひもとき、先輩たちの作戦指導と戦闘指揮をこの国の海軍のそれと比較してみると、残念ながらいままでの認識を改めざるをえない心境になりつつある。

太平洋戦争は、今日的には「敗けるべくして敗けた戦争であった」と結論づけされている。日本が弱かったのか、アメリカが強すぎたのか、議論の分かれるところである。

だが、わが一般将兵がよく戦ったことは間違いない。

ところで、「野分」は、開戦初頭から三年弱であったが、主要な艦隊決戦に参加し、その間に艦隊の積み残した後片づけをしてきた。

だがトラック大空襲で僚艦全部を失い、レイテ島沖の海戦では落伍した「筑摩」の救助に派遣され、旧戦場に引き返したまま行方不明となって、二百七十三名全員が還らなかった。

お座なりな捜索をして適当に引き揚げることができたのだが、艦長は海軍の伝統に従い、そうはしなかった。

戦後、「筑摩」乗員百余名を救助していたことがただ一人の生存者により判明した。

国の危機に参戦した駆逐艦だけでも百三十四隻が沈没し、その多くの沈黙の戦士の働きを語り継ぐことが生き残った者の責務であると、筆者は、この三十年間思いつづけてきた。

今日、日本はバブル経済の泡(崩)壊により、あのときと同じように、日本全体がまたも苦しんでいる。こんどは経済、金融界でのことで、当時の軍部が経済人に変わったに過ぎない。相手はいずれもアメリカである。

当時、軍部はアメリカを侮り、その国民性を十分に研究しなかった。ここで共通するのは、先代の苦労を忘れた日本の各界の二代目、二代目半の人々の奢り、政治家の無策ぶり、アメリカの国民性の不勉強などである。

歴史は繰り返すとは、先人の教えるところであるが、戦後の歴史教育の欠如のしからしめるところである。

昔も今も、とくに悪いのは、国民に真実を秘匿したいため「ウソ」をつくという体質が変わらないということである。

当時、日本の軍部は、負け戦を勝ち戦のようにウソをついた。しかし、イギリスの、ときの宰相チャーチルは、マレー沖海戦での大被害の真実を訴え、国民の戦意をたかめたことを忘れないでほしい。

この記録を纏め終わってみると、胸のつかえがとれたというのが実感であり、改めて亡き戦友のご冥福をお祈りする。

最後になりましたが、多くの資料をお寄せ下さった御遺族、野分会員、先輩、同僚、知人の皆様、戦史的な実証についてご指導、教示をいただいた竹内芳夫、松代格三両氏、出版にご理解、支援をいただいた松永市郎先輩、牛嶋義勝出版部長に共に深甚の謝意を表します。

平成九年一月

佐藤清夫

参考文献

〈防衛研究所戦史部所蔵の旧海軍資料〉

「駆逐艦野分行動調書」＊「駆逐隊野分戦時日誌」（十九年五～七月分）＊「第四駆逐隊及び満潮戦時日誌」（十九年七月分）＊「現役海軍士官名簿」＊「現役海軍特務士官准士官名簿」＊「海軍省辞令公報綴」＊「横須賀鎮守府辞令公報綴」

〈防衛研究所戦史部発刊の戦史叢書（朝雲新聞社）〉

「比島・マレー方面海軍進攻作戦」＊「ミッドウェー海戦」＊「南東方面海軍作戦」＊「南東方面陸軍作戦」＊「マリアナ沖海戦」＊「中部太平洋戦争」＊「海軍捷号作戦〈1〉〈2〉」

〈厚生省保管資料〉

「戦没者原簿」（軍人）＊「野分の戦没者履歴書」（二百七十三柱）＊「T事件（大森仙太郎）調査報告資料」

〈米・英側資料〉

"History Of United States Naval Operations In World War II" (by S. E. Morison) ＊"The Quiet Warrior, A Biography of Admiral Raymond A. Spruance" (by Thomas. B. Buell 読売新聞社／訳）＊"Admiral Raymond A. Spruance, USN A Study in Command" (by E. P. Forrstel) ＊"Admiral Halsey's Story" (by W. F. Halsy and J. Bryan III) ＊「キル・ジャップス〈ブル・ハルゼー提督の太平洋海戦史〉」（E・B・ポッター　光人社）＊"Shipwrecks of Truk" (P. A. Rosenberg) ＊"Ghost Fleet Of The Truk Lagoon" (by W. H. Stewart) ＊"WW II Wrecks Of The Kwajalein and Truk Lagoons" (by D. E. Bailey) ＊"Truk Lagoon Wreck Divers Map" (by D. E. Bailey)

「オレンジ計画」（エドワード・ミラー　新潮社）＊「日米関係未来記〈太平洋戦争〉」（バイウォーター　民友社）＊「名将の戦略」（竹内芳夫　産業能率大学出版部）＊「聯合艦隊軍艦銘銘伝」（片桐大自　光人社）＊「日本の駆逐艦I」（光人社編）＊「写真太平洋戦争3」（光人社編）＊「写真集・日本の駆逐艦〈続〉」（光人社編）＊「日本の駆逐艦〈軍艦メカ・4〉」（光人社編）＊「草莽への挽歌」（浜田美智子　板倉書房）＊「駆逐艦野分鎮魂の譜」（佐藤清夫　自費出版）＊「軍医長日記」（伊藤貞男　自費出版）＊「トラック島海軍戦記」（四十七警備隊会編）＊「南方洋上慰霊祭・スケッチ画集」（池正孝文画　自費出版）＊「アドミラルチー諸島」（毎日新聞社編　新風書房）＊

「検証・戦争と気象」（半澤正男　銀河出版）＊「日本海軍史」（海軍歴史保存会）＊「日本海軍指揮官総覧」（新人物往来社）＊「海軍魂〈勇将小澤司令官の生涯〉」（寺崎隆治　徳間書店）＊「海鳴り〈提督小沢治三郎〉」（岡本好古　光人社）＊「井上成美　山本五十六」（阿川弘之　新潮社）＊「検証・山本五十六長官の戦死」（山室、緒方共著　日本放送出版協会）＊「大東亜戦争ここに甦る」（小室直樹　クレスト社）＊「昭和天皇独白録」（寺崎英成　文藝春秋）＊「真珠湾奇襲　ルーズベルトは知っていたか」（今野勉　読売新聞社）＊「日本海軍の栄光と挫折」（半藤一利　PHP研究所）＊「凡将・山本五十六」（生出寿　徳間書店）＊「歴史群像」（太平洋戦争シリーズ・各巻　学習研究社）＊「海軍乙事件」（吉村昭　文藝春秋）＊「日本帝国海軍はなぜ敗れたか」（吉田俊雄　文藝春秋）＊「ミッドウェー」（淵田、奥宮共著　朝日ソノラマ）＊「海戦史に学ぶ」（野村実　文藝春秋）＊「連合艦隊の最後」（伊藤正徳　文藝春秋）＊「連合艦隊の栄光」（伊藤正徳　文藝春秋）＊「大海軍を想う」（伊藤正徳　文藝春秋）＊「日本海軍の功罪」（プレジデント社）＊「海軍を斬る」（実松譲　図書出版社）＊「栗田艦隊」（小柳冨次著　光人社）＊「最後の帝国海軍」（豊田副武述、柳沢健著　世界の日本社）＊「夕日のレイテ沖」（江戸雄介　光人社）＊「太平洋戦争の真実」（佐治芳彦　日東書院）＊「太平洋戦争海藻録」（岩崎剛二　光人社）＊「戦艦大和　指揮官」（児島襄　文藝春秋）＊「レイテ戦記」（大岡昇平　中央公論社）＊「水交」（水交会発行・各号）＊「昭和史の軍人たち」（秦郁彦　文春文庫）＊「レクイエム・太平洋戦争」（辺見じゅん　PHP研究所）＊「高松宮日記」（中央公論社）＊「連載／季節の歌」（小学館月刊・本の窓）＊「朝日新聞」「天声人語」「窓」欄＊「朝日新聞〈図南報国隊の記録〉」（平成五年八月）＊「幾山河〈大本営の二〇〇〇日〉」（瀬島龍三　産経新聞社）＊「真珠湾・リスボン・東京」（森島守人　岩波書店）＊「完本・太平洋戦争〈上・下〉」（文藝春秋）＊「海軍国防思想史」（石川泰志　原書房）＊「歴史の中の日本」（司馬遼太郎　中央公論社）＊「帝国海軍の誤算と欺瞞」（佐藤晃　戦誌刊行社）＊「トラック大空襲」（吉村朝之　光人社）

単行本　平成九年三月　光人社刊

NF文庫

駆逐艦「野分」物語 新装版

二〇二三年一月二十日 第一刷発行

著 者 佐藤清夫

発行者 皆川豪志

発行所 株式会社 潮書房光人新社

〒100-8077 東京都千代田区大手町一-七-二

電話／〇三-六二八一-九八九一(代)

印刷・製本 凸版印刷株式会社

定価はカバーに表示してあります

乱丁・落丁のものはお取りかえ致します。本文は中性紙を使用

ISBN978-4-7698-3248-5 C0195

http://www.kojinsha.co.jp

NF文庫

刊行のことば

第二次世界大戦の戦火が熄んで五〇年――その間、小社は夥しい数の戦争の記録を渉猟し、発掘し、常に公正なる立場を貫いて書誌とし、大方の絶讃を博して今日に及ぶが、その源は、散華された世代への熱き思い入れであり、同時に、その記録を誌して平和の礎とし、後世に伝えんとするにある。

小社の出版物は、戦記、伝記、文学、エッセイ、写真集、その他、すでに一、〇〇〇点を越え、加えて戦後五〇年になんなんとするを契機として、「光人社NF（ノンフィクション）文庫」を創刊して、読者諸賢の熱烈要望におこたえする次第である。人生のバイブルとして、心弱きときの活性の糧として、散華の世代からの感動の肉声に、あなたもぜひ、耳を傾けて下さい。